ÉN

Vom selben Autor erschienen

Ralph Pordzik

Das diarische Imaginäre

Zur Phänomenologie und Architektonik des modernen Tagebuchs

ISBN 978-0-244-71260-0

Printed in Belgium

Vorspiel

Jedes Tagebuch ist eine Art Blendung, eine grammatische Luftspiegelung, Reflexion und Beschwörung des Echten, Einmaligen, Unnachahmlichen. Selten gelingt es seinen Urhebern, sich von den ausgetretenen Pfaden emphatischen Sprechens zu lösen; ihre Mühen zeigen auf einen formalen Algorithmus, den man nicht zu Unrecht mit dem Gemeinplatz verbindet, mit der verbrauchten und billigen Floskel, dem schablonenhaft Trivialen. *Das diarische Imaginäre* setzt an einer anderen Stelle an. Es diskursiviert Eindrücke, die sich beim Anlegen eines eigenen Tagebuchs eingestellt haben und kleidet sie in rhapsodische semiologische Begriffe, mit denen die *unleserliche* Seite des Diariums freigelegt werden soll, jene Ordnung der Zeichen unter dem bedeutungstragenden Material, die mehr ist als nur ein System praktischer Buchführung, bestehend aus Ergriffenheit und Beichte, chronistischer Fülle und gehaltloser Endlichkeit. Die hier zu einer unbeständigen Mitte – einem *Plateau* – organisierten Dossiers und Kondensate entziehen sich ganz bewusst dem akademischen Regime strenger Begründung und Nachweislichkeit und konzipieren stattdessen eine *dritte* Figur, die weder Abriß noch Essay oder Untersuchung ist, sondern Bestandsaufnahme des Tagebuchs als Medium eines Schreibens, in dem sich Register vermischen und Glossen einander unterwandern, wo Zuweisungen und Urteile sich

verirren und die tägliche Rede des Einzelnen als ein un-
ablässiges Aufspüren und Überlisten, ein Sich-Verlieren
in unsicheren Aussagen und Äquivalenzen, Relief gewinnt. Die Lektüre folgt gewissermaßen einem Höhen-
kamm sensibler Ausschläge, die sich auf der Suche nach
einer nicht-*endoxalen* Weise des Sprechens über das Diarium von selbst ergeben haben, einem Sprechen, das die
Nuance hofiert und dem Augenblick sein unverhofftes
Auftauchen garantiert. Nicht die Individuuen als solche –
ihre Selbstzeugnisse und Tagesdestillate – sollen gehört
werden, sondern ihre unter der Oberfläche der Notizen
prägnierten Stimmen und Schritte, die in Gegenwart un-
bewusster Akzente und Ströme den Sinn von hier nach
dort tragen, von einer Subjektposition zur nächsten, und
das Tagebuch damit als Übergangsobjekt und Nullpunkt
referentieller Rede zugleich markieren, als Ort des Begehrens und sprachlichen Deliriums, als Auslöser starker
Aphasien, die aus einem Übermaß an Widerstreit und Intimität, aus Selbstzerwürfnissen und -einschüchterungen,
in immer neuer Gestalt sich herauslösen. Die Rede des
Diariums mag heute in vielem kleinmalerisch und dürftig
erscheinen, abgenutzt und flach, doch sie nimmt auch einen prominenten Platz ein, kann sich teilen und mitteilen,
ohne sich einzubüßen. Als eine unbeständige, poetisch
gedämpfte Form der *écriture* bleibt sie mit der Welt und
ihren Ideologien unversöhnt, elastischer Klang, der un-
ermüdlich das Unreine und Zerstreute einsammelt und
befördert, aus dem die Sprache besteht.

Das diarische Imaginäre

Das Tagebuch ist nicht nur unwesentlich,
sondern auch nicht notwendig.

Roland Barthes

Days are the worst dreams.

Das Tagebuch ist Zeit. Eigentlich lebt es der erinnerten Zeit voraus. Jedes darin untergetauchte Erlebnis, traumhaft-versponnener oder sachlicher Abhub der Erfahrungswelt, wird durch eine schriftliche Mitteilung gleich wieder verwischt. Gedanken und Bekenntnisse werden auf seinen Seiten mitgeführt und entstellt wie Tagesreste. Urheber und Leser begehren in ihm nichts Geringeres als die vom Leben abgesprengte Faktizität, den konkreten Moment, in dem der Akteur das unmittelbar Gegebene aufzeichnet, im Akt des Schreibens sich entwirft und vollzieht, sich seiner selbst vergewissert in kritisch-dialektischer Begegnung mit der Abflucht der Ereignisse und Jahre. Eine zumutbare Theorie der diarischen Praxis müsste wohl schlüssig und kompakt einer Poetik radikaler Transversalität verbunden sein, in der dem einzelnen Moment als Signum komprimierter Zeit des Erlebten ein erhabener Status zukäme, der über die verdichtete Zeit hinaus in andere Bereiche des Erlebens und Verstehens sich übertrüge. Diese Poetik berührte nicht die belletristische Floskel oder die nachträglich kolorierte Rangfolge der Gedanken, mögen diese sich nun im nahen oder fernen Umkreis der eigenen Arbeit bewegen; ebensowenig die laufende Eigentlichkeitsproduktion der bloggenden Dandys, die auf den Diskurstanzflächen der Postdemokratie stolz ihre weichen *Moves* zeigen. Ganz im Gegenteil. Sie zeigte Standpunkte und Erregungen, auf Szenen und Figuren abgefüllt. Zähne, die pausenlos philosophische Nüsschen spalteten. Sie stellte uns den Urheber des

Tagebuchs als jemanden vor, der von weither kommt, der sein eigener erster Leser bzw. schwärmerischer Autor und Berichterstatter ist und auf vorgeschlagenen Wellen den Strom der Zeit hinab zieht, der den Schmetterling in eben dem Netz sucht, über das dieser in nervösem Hin- und Herflattern seinen Schatten wirft. Einfangen wird er ihn nicht, doch in der Nacht hält die Suche nach dem Identischen ihn über Stunden wach; die Schatten dunkeln leidenschaftlich nach, Licht ordnet die Dinge, eines zum anderen, und die Dämmerung ist sein König.

Der Abstieg ins vorgesehene Gebiet fällt leichter als erwartet. Wer ein Tagebuch schreibt, führt gleich mehrere. Stetig wiederholt er das in Erlebnissen protokollarisch sich Absetzende; die Wiederholung ist eine Farbe. Mit der Zeit gewöhnt man sich an die Gefahr und ist auf Steine gefasst, doch die Einträge sind Gegenbilder des Unauslöschlichen. Nicht unumstößlich gilt das Gesetz, dass alles, was sonst hinter kommunikativer Fassade, hinter den Klischees der Übungssätze und Sprachgesten, sich verschanzt, hier zur reinen Erscheinung verurteilt ist. Der Diarist beginnt auf einer Grenze, und spürt er erst den liminalen Schmerz der Schwelle, ist er gleich kein Tourist mehr. „Alle Dinge nämlich, die mir einfallen, fallen mir nicht von der Wurzel aus ein, sondern erst irgendwo gegen ihre Mitte" (Kafka, *Tagebücher*, 9). Das beständige Aufschäumen der Neigungen und Abneigungen; das Ränkespiel aus Befürchtungen, Selbstvorwürfen und inneren Entgegnungen; aus diesen Kräften gestaltet sich der Text, wird korrigierter Entwurf und beugt sich schließlich der „Fiktion des Stils" (Roland Barthes). Der Schreiber eines Tagebuchs ist auch ein Polygraph mit Hang zur Anamorphose, schreibt jeweils den einen oder den anderen Text, dem er zugleich auszuweichen bemüht ist (denn nichts wäre ihm peinlicher als die Unterstellung, dass, ist eine Form erst einmal gesichtet, sie sofort Ähnlichkeit mit *etwas* haben muss), wendet sich in einer weit übergreifenden transversalen Bewegung an einen strukturellen Anderen, der *sein* eigener unterstellter, nirgends materialisierender Leser sein wird.

Die Zeit und ihre Wiederholung definieren sich somit als die tragenden Pfeiler des Tagebuchs. Ihnen gebührt Vorrang in der Untersuchung einer literarischen Form, die ihren Lesern suggeriert, Momente ohne Daneben abzubilden, Echos eines Moments oder Momente, die sich überstürzen, die wiederkehren oder erneut gesehen werden, aus den Augen verlorene Momente, Momente im Zerfall. Momente, die, günstig und begünstigend, vor allem eine Lücke waren.

> Was die Zukunft an Umfang voraus hat, ersetzt die Vergangenheit an Gewicht, und an ihrem Ende sind ja die beiden nicht mehr zu unterscheiden, früheste Jugend wird später hell, wie die Zukunft ist, und das Ende der Zukunft ist mit all unseren Seufzern eigentlich schon erfahren und Vergangenheit. (Kafka, *Tagebücher*, 16)

Der Schreiber eines Tagebuchs badet gewissermaßen in Zeit. Seine individuelle Auslegung der Wahrheit ist stets zeitlich, denn er begegnet ihr in einem bestimmten Augenblick in der Zeit. „Die Zeit ist der Begriff selbst, der da ist" (Kojève, *Hegel*, 91). So lässt sich etwa der Philosoph Hegel vernehmen, für den die Differenz zwischen der Erfahrung des einzelnen Menschen und dem zusammenhängenden Ganzen der begrifflichen Erkenntnis jenes Feld ist, in dem ein allgemeiner Anspruch auf Wahrheit sich nicht negieren lässt. Seinem exklusiven Sprachspiel kann man nur begegnen, indem man zur Darstellung bringt, dass der Begriff selbst zeitlich ist und nicht mit *der* Wahrheit vereinbar. Seine Zeugenschaft zielt auf Verinnerlichung der Erfahrung, nicht auf deren Transzendenz. Für den Verfasser eines Tagebuchs stellt dieser Befund ein Problem dar, denn es entzieht sich seiner Kenntnis nicht, dass seine Begriffe, die doch die Praxis seines Alltags, den Webgrund seiner Stimmungen und Gefühle, offenlegen sollen, sich letztlich auf anderes beziehen als die Wahrheit selbst. Sie gewähren einem Anderen, dem als Partner eines Dialogs sich zu verstehen sie den nötigen Vertrauenskredit einräumen, Zutritt zu einer Zone der Intimität, die primär wohl als privat markiert sein, im Endeffekt jedoch eher als Vorstufe zu einem mittelbaren *Journal extime* gesehen zu werden sich anheischig machen wird. Bestenfalls beziehen die Begriffe sich auf sich selbst und damit auf das individuelle Begehren als Fluchtlinie einer unerfüllten und unvollkommenen

Zukunft, die als Ziel- und Endpunkt des eigenen Mitteilungs- bzw. „Geständniszwangs" (Theodor Reik) anvisiert wird. Zwischen den montierten Phrasen und galvanisierten Worten der Alltagssprache gähnt das Loch, in dem die Substanz der Tage und Stunden langsam evaporiert.

Welche Rolle spielt hierbei die Zeit? Als geschichtliche ist sie an und für sich durch zukünftiges Geschehen gekennzeichnet, als private schöpft sie aus dem Begehren des Subjekts, das seinen Willen auf eine nicht-existente Größe unter der Bedingung richtet, dass diese ein Begehren als Begehren eines *Anderen* anerkennt. Das Tagebuch vermag diese Lücke zu schließen, da es in der Gegenwart einen Entwurf für die Zukunft verwirklicht, das Unmittelbare und Gegebene schriftlich fixiert, um es auf ein Anderes zu beziehen, das im *hic et nunc* noch keine Aktualität beansprucht. Erörterungen, die diese Textart in eine profane Form des „täglichen Schreibens" (Hess, *Die Praxis des Tagebuchs*, 10) umdeuten, missverstehen die Bedeutung der Zeit als Negation des Raums und Signans des Begehrens, in dessen Vollzug die Wirklichkeit eingeschlossen ist. Die Zeit ist überall dort, wo ein Tagebuch in Gestation vorliegt und seine Verfasser sich als Gefangene des Raums und ihrer Begehren wiedererkennen.

Die Behauptungen sind: daß das Wirkliche eine Gefangenschaft ist, wo man nur eben vegetiert und immer vegetieren wird; und daß alles übrige, der Gedanke, die Tat, Zeitvertreib ist, ebenso drinnen wie draußen. Es kommt also darauf an, dieses Wirkliche gut zu besitzen, da alles übrige vorübergeht. [...] Hierin liegt (ich wiederhole es) das Drama: schlecht reden vom Gedanken-Wort und darum vom Leben als Zeitvertreib, und dabei schweigend alles übrige beklagen und aus Wut das Wirkliche hoch preisen – das doch immer, in jedem Menschen, als vollständige Absonderung möglich ist. (Pavese, *Handwerk des Lebens*, 54)

Das zutiefst menschliche Begehren nach Anerkennung ist schwer einzufordern, wo der Einzelne mit seiner Absonderung kämpft und ihr dauerhaft den Status einer gesegneten Abseitigkeit zu verleihen bemüht ist. Solche Gesten sind vor allem als taktische Manöver wertvoll, mit denen der Wortgeber des täglichen Rapports jenen Anderen in seine Schranken zu weisen sucht, den er als Adressaten seines Tuns doch permanent voraussetzt. Dass sein Schreiben sich in letzter Instanz immer auf etwas Anderes bezieht als die täglichen Entbehrungen und Selbsttäuschungen, mag der Diarist für längere Zeit zu leugnen sich erbieten; über das Faktum der „Interität" (Hess, *Die Praxis des Tagebuchs*, 117) hinwegsehen, die ihn darauf einschwört, seine Erlebnisse und Gedanken mit einem Anderen potentiell zu teilen und – im Felde einer unterstellten zukünftigen Begegnung – auf diesen hin dialogisch zu konzipieren, kann er indes nicht. Wohl mag er der emotionalen Dichte des ephemeren Augenblicks seinen ganzen erzählerischen und anekdotischen Erfindungsreichtum widmen, gar in ihm sich künstlerisch verausgaben; ihn für sich allein beanspruchen kann er nicht. Das Tagebuch ist auch ein Instrument der Korrespondenz, deren Urheber von Anfang an, obwohl er scheinbar vorrangig unter dem Vorzeichen der Selbstbeobachtung und Reflexion tätig ist, über die Grenzen des eigenen Selbst hinaus das Begehren des Anderen auf sich zu ziehen versucht. In seiner Eigenschaft als Chronist ist er auch Symptom eines anderen Begehrens, das auf ihn abfließt, sich über die Teilhabe an seinen Erlebnissen definiert, in der *Gegenwart* seines Textes einen Entwurf für die eigene *Zukunft* ins Auge fasst, und diese Verbindung leugnen zu wollen, wäre alles andere als der Sache würdig.

Wie der Roman hebt sich auch das moderne Tagebuch gegen andere Formen der Prosa darin ab, dass es „aus mündlicher Tradition weder kommt noch in sie eingeht" (Benjamin, *Illuminationen*, 413). Seine „Geburtskammer" (*ibid.*) ist das existentielle Selbst in der Phase seiner kritischen Reflexion, in der es keine Anstrengung ausschlägt, um die erduldete Schmach der Spaltung des menschlichen Lebens in den Geist und sein Gegenüber rückgängig zu machen, die instrumentelle Vernunft, der es sein Glück *und* seine Selbstunterdrückung verdankt, in ihre Ursprünge zu verfolgen und zu tilgen. Es verkennt dabei aber, dass der Ursprung dieser Dissoziation in der Schrift selbst zu suchen ist, der es sich in immer neuen Anläufen zielstrebig anvertraut. Gespalten zwischen dem Gefühl, sich beim Schreiben zu wiederholen, und dem Bewusstsein, die diarische Praxis in dem Wissen zu unterminieren, dass jeder neue Eintrag sich im Grunde auf anderes als das Gemeinte bezieht, bestimmt sich das souveräne Ich leichtfertig als Norm oder Prinzip, das über die Eigenbewegung eines skriptorischen Mediums hinweg sich prästabiliert und dabei der Bedenken sich zu entschlagen versucht, dass es für seine anarchischen Ausdruckswünsche und narrativen Glücksimpulse von Anfang an einen hohen Preis zu zahlen bereit war. Überwertig sind ihm die minderen Paraphernalien des Berichts, die Destillate des vergeudeten Tages, die Spektakel des authentischen Gefühls. Die Unidentität des Selbst gerät ihm zu einem Gespräch unter zwei Augen. Soviel Abbreviatur ist aufreizend, und es liegt deshalb in den Händen der einzelnen Diaristen, ihre Furcht vor der Dissoziation, vor dem zurüstenden und abschneidenden Begriff, in den eigenen Diskurs zu integrieren, um die als dauergefährdet eingestufte innere Natur nicht weiter jenem Verschleiß auszusetzen, den das verdinglichte Denken dem Einzelnen unbeirrt abfordert. Vor dem Faktum der allem trügerischen Schein von Identität eingeschriebenen Spaltung im und durch den Diskurs gibt es kein Entrinnen. Die modernen Tagebücher und Aufzeichnungen starren vor Verneinung, gedeihen geradezu unter der klimatischen Einwirkung dieser das Genre expressiv begleitenden Erkenntnis vom Zerfall des Subjekts in der Moderne.

In dem, was er schreibt, gibt es zwei Texte. Text I ist reaktiv, bewegt von Empörungen, Befürchtungen, inneren Entgegnungen, kleinen Paranoia, Abwehrhaltungen, Szenen. Text II ist aktiv, von der Lust bewegt.

(Roland Barthes, Über mich selbst, 47)

Der dem einen oder anderen Diarium hoffnungsvoll eingeflüsterte „mimetische" oder erlösende Moment ist damit aufgeschoben. Bedenksam ist er, weil er die Kruste jener Verdinglichung zu durchbrechen bemüht ist, die der unaufhaltsame Aufstieg von Rationalität, begrifflichem Denken und diskursiver Erkenntnis auch dem intimen Memoire auf Dauer nicht hat ersparen können. In vielen Sparten setzt sich jüngst wieder ein lederner pädagogischer Ton durch, der weder dem transduktiven und interindividuellen Format des Mediums noch seiner literarästhetischen Schwingungsbreite gerecht wird.

> Das Schreiben von Tagebüchern wird seit langer Zeit praktiziert. Dem Verfasser eines Tagebuchs dient es dazu, tagtäglich Aufzeichnungen zu machen und seine Gedanken über seine Erlebnisse und Einfälle, seine Begegnungen und Beobachtungen festzuhalten. Ein Tagebuch zu schreiben ist für jeden sinnvoll, der über sein Leben und Handeln nachdenken, es begreifen und gestalten will.
>
> (Hess, *Die Praxis des Tagebuchs*, 33)

Viele der Dinge, die ihren angestammten Platz im Dunkel haben, können jederzeit durch falsche Beleuchtung ins Helle treten. Beherrscht erst der vom eigenen Selbst berauschte Ton der Fortschrittskontrolleure und ihrer me-

dienpädagogisch antrainierten Zucht- und Optimierungs-
lehren das Geflecht der täglichen Zeichenproduktion, ist
es um das Diarium geschehen. Alles Zweideutige wird
nun ausgespart, weil es die Kraft der Imagination aus-
trocknet, das ganz Andere zu denken, das Werk einer Erinnerung reifen zu lassen, die auch indirekte – „konjunk-
tivisch[e]" – Mitteilung ist, und als Dauerexkurs in die
Halbschattenwelt narzisstischer Bespiegelung „nicht arm
genug", um Poesie und Wirklichkeit wirksam „voneinander zu scheiden" (Kierkegaard, *Tagebuch des Verführers*, 7,
8). Die Fabel des eigenen Werdens negiert den Makel der
Anonymität, indem sie es in glaubhafte Charaktere und
Handlungen hinein verschiebt und somit als tröstlich ver-
fälscht, was als begriffliche Verdoppelung der Existenz je
schon das Bekenntnis zum einheitlichen Selbst als Farce
zu sabotieren droht. Als Rollenspiel, das sie ist, unter-
schlägt sie nicht das Zeitliche der Existenz, zieht aber von
ihr ab, was die Zeit als real zu kassieren sich anschickt:
die Unberechenbarkeit der literarischen Produktion, die
aus dem Tagesdestillat einen Text der Übergänge und
Dislokationen werden lässt und die Fluchtbahn der Li-
quidation des Subjekts bis zu jenem Punkt vorantreibt, an
dem selbst der schlichteste unter den Chronisten den
Verlust authentischen Gefühls zur Chefsache zu erklären
sich gezwungen sieht. Anstatt Wechsel auf nicht mehr
vorhandene Guthaben auszustellen, muss er zusehen, mit
winzig verkleinerter Imagination in der täglichen Beichte
zu wiederholen, was er einmal als tätiges Individuum ge-

wesen sein wollte. Ein Denken, das derart die Funktion des Diskurses auf die Polarität von Subjekt und Objekt herunterrechnet, versagt es sich jedoch von Beginn an, hinter den objektivierenden Sprachfunktionen die kommunikativen Leistungen als Bedingung ihrer Möglichkeit zu erkennen. Kafkas Satz: „Ein Mensch, der kein Tagebuch hat, ist einem Tagebuch gegenüber in einer falschen Position" (*Tagebücher*, 48) darf dann ohne Vorbehalt auf jene Dezernenten der Form ausgeweitet werden, die im Tagebuch lediglich ein Instrument der Selbstoptimierung sehen, mit dem das Andere der diaristischen Rationalität – der Traum als Nachtschatten des Grüblers, der Bodensatz täglicher Erinnerung, die Skepsis gegenüber den herrschenden Floskeln sprachlicher Zurichtung – gebändigt und dem Eigenen anverwandelt werden soll. Leistungsideal und Fehlervermeidung als Fixpunkte neoliberaler Selbstdisziplinierung avancieren zum Negativ sinnbezogener Wirklichkeit, zum dinghaften Rückstand von formaler Bildung, der in der „optimalsten" Besetzung des Genres die ihm zugrundeliegende Eigenart diskontiert, als hätte man nichts Außerordentliches mehr von ihr zu erwarten. Die bezwungene Zeit wird zu einer ökonomischen Größe, das Diarium gerät zu einem Mittel, den bürokratischen Alltag zurückzudämmen, und seinem Urheber, auf dem besten Wege, sich zu erinnern, droht selbst Gefahr, zu einer Erinnerung zu werden.

Auf diese Weise ein Tagebuch zu führen hat den Vorteil, dass wir dadurch auf unsere Gesundheit achten, unsere Psyche im Umgang mit anderen Menschen schützen und unsere geistigen Fähigkeiten entwickeln. […] Man verfügt über einen inneren Halt, indem man sich unter allen Umständen die Frage stellt, wofür das Handeln gut sei.

(Hess, *Die Praxis des Tagebuchs*, 52, 53)

Die praktische Art und „Weise", in der ein Tagebuch geführt wird, hört auf, Vermächtnis und damit bedeutsamer Gegenstand des Interesses zu sein, wenn sie sich dergestalt dem identifizierenden Denken (Adorno) und einer signifikativen Praxis unterordnet, die aus seiner autonomen Kunst eine allgemeine Sache macht; die sich der Anstrengung entschlägt, *über* den Eintrag *durch* den Eintrag hinauszugelangen und nicht länger zu suchen sich bemüht, was am Wirklichen über die Wirklichkeit hinausweist. Ist die fälschende Einfärbung der Wahrheit erst vorgenommen und der Wille zum Faktischen an ihrer Stelle inthronisiert, buchstabiert sich das Diarium in Kategorien toter Natur aus, wird Mimesis ans technisch verwertbare Wissen, an Psychologie und Paraphrase, und solcherart Transformation ins Tote oder Ephemere, das Substantialität und Solidität sich zuschreibt, aber letztlich ideologisches Gegenteil dessen ist, was vom Ich selbst als Stoff oder Substanz, Ausdruck eines Lebens, präsentiert wird. Der Verlust an ästhetischem Gehalt, den dies parodiert, ist dem vergleichbar, der das Alles einer gelebten Existenz zum fatalen Trugbild kontrahiert, zum letztlich

Ungeschichtlichen, an das sprachlich-kritische Reflexion nicht mehr heranreicht. Das Totale, unerfüllbare Setzung des schreibenden Selbst, wird darin zum Nichts, Erfahrung zum hohltönenden Widerspruch des Absurden, zu Rationalität, die in alltäglichem Geschwätz sich terminiert.

Was der Zeit diaristisch abzugewinnen ist, versinkt in Erinnerung. Anfechtungen und Verletzungen, die sich wie Pilze ausbreiten; Rillen und Spuren in einem Hinterland verpasster Augenblicke, Markierungen eigener Zweithaftigkeit und Nachträglichkeit. „Die Zeit hat Ähnlichkeit mit einem bösen Engpaß; die Menschen werden durch ihn hindurchgepreßt" (Jünger, *Strahlungen*, 46). Sätze wie diese suggerieren, dass das Ich sich in reflexiver Selbstverdoppelung in der Zeit verströmt, in Akten der Emanzipation vom gesellschaftlichen Rollenspiel, die – beredte Dokumente der Verdrängung, Projektion und Verkleidung großen Stils – unablässig in selbiges zurückführen. Wer die Absicht im Schilde führt, den Konjunktiv zur Aussageweise des Tagebuches zu machen, ist deshalb gut beraten, Zeugenschaft und falsche Innerlichkeit in strichhaft angedeuteten Notaten, Maximen und Vignetten engzuführen und kaleidoskopische Abläufe längs der chronologischen Reihe gewitzt zu maskieren. Alles andere trüge ihm den Vorwurf ein, seine konstruierten Errungenschaften unter einer Maske der Nachahmung zu verbergen, seine Lebensgeschichte in Ereignisfolgen, die sich in Reden als Illustration bewährten, ganz im Sinne des Ornaments, das nach Willkür mit ihnen schaltet.

Damit ist die Essenz des Tagebuchs im Subjekt und in der Durch- bzw. Ausstreichung seiner selbst im Akt der Reflexion annähernd benannt. Ihm entspricht im weitesten Sinne ein skriptorischer Stil, der seine Stenogramme nicht längs der Zeitachse in horizontaler Verknüpfung sondert, sondern sie in der vertikalen Klasse alternativer Zeichensätze, im Paradigma, erweitert und durch assoziative Verschiebung mit fortlaufendem Sinn anreichert. Abgedunstete Beichte, fingierte Nähe und Unmittelbarkeit, das subjektive Urteil mit dem objektiven integriert: Solche Standbilder generieren einen vermeintlichen „dritten Sinn", der die lineare Narration immer wieder zu unterbrechen und durch eine zusätzliche semantische Figur oder Größe zu kontrapunktieren sich veranlasst sieht.

In seinen Kriegstagebüchern führt Ernst Jünger diesen Schritt vorbildlich und in höchster Eleganz aus. Seine Schilderung des deutschen Einmarsches in Frankreich, in dessen pittoresken Dörfern er bereits während der Besatzung von 1917 „weilte" (*Strahlungen*, 156), wird begleitet von bissigen, stets ein doubliertes Narrativ begründenden Schlußfolgerungen.

> Wir sind hier nach den Strapazen der Märsche in ein laues Bad getaucht und leben als Normannen, die in ein Weinland eingedrungen sind. Es freut mich doch, schon der Vollständigkeit wegen, daß mir auch von dieser anderen

Seite des Krieges eine Anschauung zuteil geworden ist –
von der Bewegung im freien Raume, an der wir 1918 schei-
terten. (Jünger, *Strahlungen*, 196)

Dass diese denkwürdige und in Teilen bizarre Inventur
der Völkerschlacht ein ästhetisches Ereignis und zugleich
dessen sarkastische Kommentierung ist, muss hier nicht
weiter belegt werden. Wer den Krieg in ein- und demsel-
ben Atemzug zur Geißel *und* Tugendpflicht des Tatmen-
schen erklärt, dessen Wirkungen zudem in „Visionen einer völlig ausgestorbenen und menschenleeren Welt" und
„Genuß" bereitenden „dunklen Träumereien" (*ibid.* 145)
ihre geprägte Form erreichen, setzt seinen Text scheinbar
bewusst dem Generalverdacht der Unmöglichkeit sprachlicher Weltreferenz aus – ironisch gebrochene Rede im
Dienste des tieferen romantischen Ernstes. „Übergriffe"
im Heer schaden nicht, solange nur das „Maß der Ehre
nie verlorengeht" (*ibid.* 197); den Kriegshandlungen als
solchen wird in schlichter und zugleich frivoler Manier
eine Gesetzmäßigkeit attestiert, die an Carl Schmitts poli-
tische Apokalpytik erinnert und sich auch nicht der Un-
erhörtheit entschlägt, schuldhaftes Verhalten bei jenen zu
konstatieren, die, vom Gegner erfolgreich niedergerun-
gen, die Bürde ihrer Schmach nicht mit Fassung zu tragen
verstehen:

Der Wolf, der in die Hürde bricht, zerreißt von den dort
eingepferchten Schafen zwei oder drei. Einige hundert treten sich gegenseitig tot. (Jünger, *Strahlungen*, 265)

Der Diarist erhebt sich über die Instanz der Aussage zu einem Kritiker der Form, deutet an, dass, will das Tagebuch seinem realistischen Erbe treu bleiben und sagen, *wie es war und ist*, es auf einen Realismus wird verzichten müssen, der, indem er die sprachliche Fassade des Alltags reproduziert, ihr bei ihrem Geschäft der Täuschung hilft. In figürlicher Zuspitzung führen seine Beobachtungen den Sprecher zum absoluten Text in diaristischem Gewande, tradieren einen ästhetischen Fundamentalismus, dem Hypotext *und* Erfahrung zum Gegenstand doppelter Reflexion werden. Wenn vollends der ironische Kommentar derart mit dem Bericht der Ereignisse verflochten ist, dass die Unterscheidung zwischen den beiden kassiert wird, verwirft der Diarist die gegenständliche Darstellung gemeinsam mit der ästhetischen Distanz: Bald wird der Leser draußen gelassen, bald durch den Kommentar hinter die Bühne des Geschehens geführt. — Jünger lässt sich sein Ressort nicht vorschreiben; er ist *camp*, und er weiß es. Durch unablässige ästhetische Schocks, weitläufige ironische Fugen, zerschlägt er dem Leser den kontemplativen Schutz vor seinem Text. Skrupellos entflammt sein Geist sich an Gegenständen, die auch andere schon erkannt haben, erörtert, was ihm daran aufgeht, bricht ab, wo er selbst sich am Ende fühlt, und nicht dort, wo kein Rest mehr bliebe. Seine akribisch überarbeiteten Einträge sind die vorwegnehmende Antwort auf eine Verfassung der Welt, in der die beschauliche Haltung endgültig zum Hohn wird, weil die Drohung der Katastrophe der Öffentlichkeit weder das unbeteiligte Zuschauen noch dessen ästhetisches Nachbild mehr erlaubt. Die Folge der Ereignisse, die Handlung, wird zur Metapher, die Metapher zur Handlung durchgebildet, bis sie, in Selbständigkeit versetzt, das Gewebe des Berichts zerreißt. Die mitleidlos strenge 'Identität', in der der Erfahrungsgegenstand festgehalten wird, dient gerade dazu, dessen Nichtidentität mit dem unartikulierbaren Ganzen, seiner radikale Verschiedenheit selber, zu vollziehen.

Doch es gibt auch andere Formen der Selbstausstreichung im untersuchten Format, die sich zumeist dann exponieren, wenn in ihnen der Wille nach außen tritt, der kommunikativen Rede des Diaristen als einem Konkreten nachzuhängen, einem von der assimilatorischen Ordnung der herrschenden Rede noch Unterschiedenen. Der Lebensbildner, dem es tatsächlich gelänge, der universellen Fungibilität zu widerstehen, die sein Bescheidwissen an allgemeine Begriffe und das gegenständliche Element darin verhökert, interpretierte (und rettete) das Genre als ein vor aller Allgemeinheit Aufgelöstes, imponierte mit der Fixierung seines Rapports an den Gegenstand, dem Bewußtsein, treu und unverstellt aus dem hervorzugehen, was dessen innerste Sehnsucht – die erinnerte Form eines Wirklichen – ist. Doch scheint nirgends die Fluidität und Unentschiedenheit der Zeichenketten als Zusammenhang größer zu sein als im Tagebuch. Die Kohärenz des Ich ist hier nur eine Illusion des Lesers, der das offenkundig Disparate und Fragmentarische der Einträge zugunsten der erhofften Einheit ignoriert. Hofiert wird das Selbst als abgeschlossenes, in sich ruhendes Wesen, verworfen die Unverbundenheit und Isolation zahlreicher Geständnisse und Maximen, die noch in der Genauigkeit ihres Destillats jenes „öffentliche Gespräch unter vier Augen" (Görner, *Tagebuch*, 29) Lügen strafen, das sich im Zeichen der Simulation als Abhub der Dokumentation prüfender Innerlichkeit und aufrichtigen Erlebens zelebriert.

> Die vorliegenden Notizen decken einen Zeitraum von drei Jahren ab. Da sie der Chronologie folgen, laufen sie schlicht am Gängelband der Chronistenehrlichkeit, geringfügige Umstellungen abgerechnet. [...] Einzelne Notizen wurden bei der Abschrift erweitert und pointiert. Eine Haftung für wortgenaue Abschriften aus den Vorlagen wird ausgeschlossen, die Echtheit des Stoffes aus vielen Tagen und Zeilen ist garantiert. (Sloterdijk, *Tage und Zeilen*, 8)

Die Annahme, dass „Tage" und „Zeilen" identisch sein könnten, zeugt vom prätentiösen Willen des Chronisten und Bekenners, die Sprache – indem ihre determinierende Intention bis zum Äußersten getrieben wird – von der begrifflichen Zurichtung der Fakten und Ereignisse zu heilen und das Wirkliche unbeschadet und unverstört von der Gewalt der semantischen Ordnungen hervortreten zu lassen. Naivität und Blindheit des Chronisten drücken bereits die Hoffnungslosigkeit solchen Beginnens aus. Das Vertrauen in eine Art und Weise der Darstellung, die mit der bestimmenden Intention konvergiert, lässt sich, so scheint es, dem Genre nicht austreiben. Im Tagebuch, das keine Rücksichten kennt, lebt Bestand.

> Im Tagebuch äußere ich mich nicht nur freimütiger, als ich es einem Menschen gegenüber je tun könnte, sondern ich erschaffe mich selbst. [...] Wenn ich mein Selbstbewusstsein ein wenig stärke – zum Beispiel durch den fait accompli, den dieses Tagebuch darstellt –, werde ich zu der Überzeugung gelangen, dass ich etwas zu sagen habe, das gesagt werden sollte. (Sontag, *Wiedergeboren*, 206)

Der Diskurs, der bereit ist, sich selbst aufzuheben im Namen von Zeugenschaft und Innerlichkeit, gibt Kunde vom Übergang der gegenständlichen Treue und der Verpflichtung, in seinen Aufzeichnungen gegenwärtig zu sein, in die episch-manische Obsession. Hartnäckig hält sich der Mythos von der Fähigkeit des Chronisten, kraftvolle Maximen wie Erz aus dem Abhub der Tage zu gewinnen. Was sich um den „Erlebniskern" der Aufzeichnungen rankt, „wurzelt auch in ihm: Gefühle, das Erspüren eigenen Reifens, zu dem das Erlebnis der Zeiterfahrung gehört" (Görner, *Tagebuch*, 40). Manipulierte Zeit, wie sich schnell zeigt, und ein Modus der Reflexion, der sich selbst aussticht, wenn er die beibehaltenen Einträge mit der septischen Geste der Taschenspielertricks des Positivisten gegen die Auslassungen hält, die in der unterstellten Stofflichkeit der Materie selbst gründen. Dabei gilt: Wer nicht hinter die alltäglich gewordenen Sprach- und Bedeutungsfassaden geht, den hintergeht die Sprache, der endet beim Kitsch vom Schlage der Heimatkunst und sonstiger, ins Verbindliche und Existentielle vergaffter Eigentlichkeitsproduktion. Die Behauptung ungebrochener diarischer Stringenz ist nicht nur Lüge, ihr bleibt in der Beschränkung auf den Wunsch nach Kontrolle und Besitz des Vergangenen auch ein Zug eigentümlich, der die Beschränkung transzendiert. Die Genauigkeit des beschreibenden Lexems sucht die Unwahrheit aller privater und eigentlicher Rede zu kompensieren; unwahr aus dem Grunde, weil Tagebücher von allegorischer Absicht diktiert und Menschen und Dinge darin vermöge der Naivität, mit der das Diarium ihrer Darstellung sich überlässt, in bloße Schauplätze und Spektakel verwandelt werden. Der sachliche und pragmatische Zusammenhang zeigt sich brüchig:

> Eine der wichtigsten (sozialen) Funktionen eines Tagebuchs besteht genau darin, heimlich von anderen Leuten gelesen zu werden, von den Leuten (wie Eltern + Geliebte), über die man sich nur in seinem Tagebuch mit grausamer Ehrlichkeit geäußert hat. (Sontag, *Wiedergeboren*, 206)

Ein Zuviel an „grausamer Ehrlichkeit" droht den Gedanken dahin zu verschlagen, wo Text und Stoff sich verlieren und der Stoff schließlich seine Übermacht artikuliert, indem er dem Text, der ihn zu zerstreuen sucht, den Boden entzieht. Essenz des Tagebuchs: „nur beiläufig interessant [...] und nicht recht ernst zu nehmen" (Rühmkorf, *Tabu I*, 27). Entschlossener formuliert:

Wahrheit als Übereinstimmung mit den Tatsachen bedeutet, dass man *Information* als Modell der Wahrheit begreift.
(Sontag, *Wiedergeboren*, 288)

Der Diarist verwahrt sein stummes Wissen über diese
unumstößliche Zweideutigkeit, die Gebundenheit der
Sprache im Zusammenhang der Intention im Wechsel
mit der „reinen bedeutungsfernen Darstellung" (Adorno,
„Über epische Naivetät", 58), im Unterbewusstsein, von
wo aus es sich regelmäßig zurückmeldet, um seine täglichen Einträge in ein farbiges Mosaik aus Widersprüchen
und Konflikten zu verwandeln. Die strenge Führung der
Gedanken erschlafft in der erzwungenen Verknüpfung
zwischen kunstgewerblicher Imitation des ins Gegenständliche Versenkten und dessen gleichzeitiger Demobi-
lisierung und Dekonditionierung durch vage Notizen,
Zeugnisse und Impressionen.

Worin besteht überhaupt das Wesen des Eintrags? könnte man sich an diesem Punkte erlauben einzuwerfen.
Handelt es sich dabei lediglich um verstreute Maximen,
Stenogramme des Tages und Rituale der Reflexion und
Benennung, oder eignet diesem Texttyp möglicherweise
der umfassendere Impuls der „kleinen Literatur" (Deleuze & Guattari, *Kafka*, 25), die auf engstem Raum alles
Private mit dem Politischen und Kollektiven verknüpft?
In nicht wenigen Diarien der Moderne überwiegt ein
starker Wille, die sorgfältig fingierte, zur Allegorie erhöh-
te Beichte mit intermittierenden Pointen und Vignetten

abzumildern, die unter dem Mikroskop der Milieuschilderung aus dem größeren Zusammenhang herausoperieren, was sich ihnen als individuelle Erfahrung und gesellschaftlicher Dispositiv in synchronem Gleichschritt darstellt. Als Texttypen schreiten sie voran, indem sie mit dem Finger unentwegt auf ihre bewegten Masken zeigen. Sie sind eingefangen im Spiel der Grade und Unterscheidungen, der Zeitabstände, Fristen und Negationen, an dem sie Teil haben in Erwartung einer letztendlichen Übereinkunft. Dem unregelmäßigen Intervall bzw. ver- oder aufgeschobenen Sprechen fällt darin die bedeutungsvolle Funktion zu, den Lauftext primär zu strukturieren. Der zunächst akzidentiell erscheinende Wechsel der Einträge und Sinnabschnitte erlaubt es überhaupt erst, die diaristische Folge als Kontakt und damit als eine kontinuierliche *Rede* hervorzubringen, ein engmaschiges Gewebe aus Gemeinplätzen, Aperçus, Ephemera, aufmerksamen Pausen und Wiederholungen. Die *Unterbrechung* (M. Blanchot) als ästhetische Praxis subsumiert die Einträge bzw. Einzelstellen im Tagebuch dem Gesetz des zufälligen Wechsels und verleiht ihnen damit ihre desultorische und zugleich anschlussfähige äußere Erscheinung. Noch der zusammenhängendste Monolog wird zerteilt, wenn das Sprechersubjekt unvermittelt Thema und Perspektive wechselt oder das Selbstgespräch durch Einschub von Alltagsnotizen, Materialien, Geringfügigkeiten und anderweitigen Trivia unterbricht und so dem Freiraum zwischen den Zeilen als Atem- und Denkpause oder Instrument zur poetisch-ästhetischen Skandierung des Fließtextes eigene Form verleiht.

> Auch in der Politik ist der wahre Heilige derjenige, der das Volk peitscht und tötet zum Wohle des Volkes.
>
> Dienstag, den 13. Mai 1856.
> Exemplare bei Michel holen.
> An Maria Clemm schreiben.
>
> (Baudelaire, *Mein entblößtes Herz*, 11)

Kein Transfer ohne Verzögerung, ohne Innehalten, keine Unterhaltung ohne Ellipsis oder Pause. Die Unterbrechung gewährt Aufschub – Stundung – der fälligen Bedeutungsbringschuld und hält den Text in destitutiv-konstitutiver Schwebe, indem sie alle Zeichen (auch die unvorhersehbaren) präsumiert, die in einer möglichen Serie abstrakter oder tangibler Kontexte aktualisiert werden können. Sie mobilisiert den osmotischen Austausch der Sinnfiguren und Analogien durch die semi-permeable Membran der aufeinanderfolgenden Notizanfänge und -enden, richtet das Syntagma auf unterschiedlichen kritischen Niveaus immer wieder neu aus und verleiht durch Aufhören und Innehalten, durch „topische" Verschwiegenheit (Barthes, *Das Neutrum*, 58), jener Uneindeutigkeit des Sprechens Relief, die dem Diarium seit alters das Aroma des Leibhaften und Unbedingten verleiht.

Nun lassen sich Intervalle schlecht studieren, denn sie scheinen den Fluss der Kommunikation zu behindern, wenn nicht gar zu negieren. Wer, wie der Verfasser eines Journals, auf die zusammenhängende Rede Verzicht geleistet hat, lässt nicht nur das Aussetzen zu Wort kommen, sondern übt in der nicht vereinheitlichenden Rede auch ein Sprechen, das die Kluft zwischen den Sinn- und Gesprächsblöcken zwangsläufig weiter auseinandertreibt. Wie Franz Kafka ist er tagtäglich „voll ängstlich zurückgehaltener Fähigkeit" (*Tagebücher*, 119) und nimmt jede Verzögerung bzw. Zurückstellung zum Anlass, einen Wechsel in der Sprachform herbeizuführen, um auf diese Weise das honette Ideal eines überbrückenden Dialogs aufzukündigen, der Ich und Gegenüber, Schein und Notwendigkeit, Sublimes und Pedestres, Stereotyp und Neuerung, zu harmonisieren Anstalten trifft.

> In dem Augenblick, wo wir die schwer verhangene Tür hinter uns schließen, lassen wir alle Altruismen draußen – sie erfüllen jetzt keinen Zweck mehr – die andere Seite unserer Persönlichkeit fordert ihr Recht – der Egoismus. [...] Es ist die Zeit zu der die Leute aus den Theatern oder Restaurants zurückkehren. Ich sehe ihre Silhouetten als schwarze Flächen in den gelben Quadraten, ich sehe ihnen zu, wie sie die unbequemen Theaterkleider ablegen, wie sie sich gleichsam verinnerlichen. Das Leben verdoppelt sich in ihnen durch all die intimen Beziehungen, die jetzt zu Recht gelangen. (Musil, *Aus den Tagebüchern*, 10)

Wer hier so eloquent anschreibt gegen „des Tages Dürre und ereignisreiche Langeweile" (Görner, *Tagebuch*, 74), sorgt sich nicht um die Innewerdung des Subjekts im Akt der Aufzeichnung und Registratur monotoner Abläufe, sondern sieht sich, gerade weil er am Rande oder außerhalb seiner Gemeinschaft – in einer Art „organische[r] Isolation" (Musil, *Aus den Tagebüchern*, 7) – steht, in die Lage versetzt, eine andere Art von Gemeinschaft zu imaginieren und auf diesem Wege die Mittel für ein anderes Bewusstsein und eine alternative Sensibilität zu schaffen. Die sprachkritisch hinterlegte, modern(istisch)e Skelettierung des Selbst führt Musil dabei konsequent zu Ende: Als gedankliche Summe verweist der Eintrag aus seinem „Nachtbuch" (*ibid.*) weder auf ein verlässliches Subjekt der Aussage als seine Ursache noch auf ein kompatibles Subjekt des Ausgesagten als seine Wirkung, dissoziiert sich vielmehr in ein Gewebe multipler, in planare artikulatorische Effekte zerfallender Stimmen, die in flüchtige Euphorie verfallen, wenn sie dort etwas „Neues" finden, wo man allgemein nur Zeichen des Vertrauten erwartet, modische Exerzitien und sprachliche Klischees, die in dem objektiven Gehalt, den sie zu ergreifen suchen, nicht aufgehen und daher in Negativität sich verströmen. Das Nacht(Tage-)buch Musils 'deterritorialisiert' damit alle amtlichen Diskurse der Zeugenschaft, beutet einen verborgenen Signifikanten aus, den als der modernen Kunst und Literatur bloß 'entlehnt' anzuprangern manch einer sich stillschweigend angewöhnt hat. Darin erlangt es eine ästhetische Selbständigkeit, die durch ihre Topoi, ihren anrüchigen Witz, ihre Wendigkeit von dem klassischen Medium sich unterscheidet, in dessen arriviertem Artikulationsmilieus (Nabelschau, Gewissensprüfung, Inventur) es ansonsten auszutrocknen drohte. „Man leistet sich selbst Gesellschaft" (*ibid.* 10). Oder, wie Kafka es in einem vergleichbaren Zusammenhang ausdrückte: „Meine Kraft reicht zu keinem Satz mehr aus. Ja, wenn es sich um Worte handeln würde, wenn es genügte, ein Wort hinzusetzen und man sich wegwenden könnte im ruhigen Bewußtsein, dieses Wort ganz mit sich erfüllt zu haben" (Kafka, *Tagebücher*, 25). Ja, wenn einem dies gelänge. Doch scheitert das Bemühen des Diaristen um echte Zeugenschaft und buchenswerte Tagesdestillate oft gerade daran: „Meine Zweifel stehn um jedes Wort im Kreis herum, ich sehe sie früher als das Wort, aber was denn! Ich sehe das Wort überhaupt nicht, das erfinde ich" (*ibid.* 20). In dieselbe melancholische Fanfare stößt ein anderer modernistischer Zeitgenosse, der Italiener Cesare Pavese: „Das Wort, über das man nachdenkt, habe ich nicht gekannt" (*Handwerk des Lebens*, 41). Worte als Statisten und Platzhalter, als Schauspieler in einem unwegsamen Traum aus Bildern und Begegnungen, in dem jeder Wurf sein Ziel verfehlt, der Träumende allerdings ahnt, dass er das Ziel auch nicht wirklich gesucht hat; Akteure in einer Gemäldegalerie mit *nur* kräftigen und anmutigen Gesten. Die objektiven Kriterien sind schwer zu bestimmen.

Wenn der *auteur* eines Journals nur zu bestimmen wüsste, in welcher Zeit und Ordnung er sich um sich selbst bewegt! Sein Diarium ist ihm Zufluchtsstätte des täglichen Verlangens und gewährt so Zugriff auf eine vertikale Dimension des Denkens, ermöglicht es, Situationen, Gegenstände, Charaktere, in äußerster Abbreviatur festzuhalten. Seine Sagbarkeiten sind in paradigmatische Phasen sequenziert, die die Zeit mobilisieren und entlang einer horizontalen Achse abbilden; was sie als Medium verbirgt, wird enthüllt durch ihren eigenen unaufhaltsamen Fortgang. Ihre Geheimnisse liegen auf derselben Linie wie der Akt skriptorischer (Selbstent-)Äußerung, das täglich wiederholte Ritual des flüchtigen Erinnerns und improvisierten Berichtens. Ihr unaufhaltsames Fortschreiten untergräbt im gleichen Atemzug die Fiktion, dass im Felde der Bedeutung irgendetwas *nur* täglich sein könne; dass dem jeweiligen Kondensat des Tages irgendein fester Zeitwert zugemessen werden müsse. Höchstens ließe der einzelne Tag als Paradigma eines Lebens sich feiern und überhöhen; die Relativität der Zeit kristallisierte darin aus als Allegorie und Trugbild, dem die unterliegen, die nicht ablassen können von ihrer Hoffnung, im Akt des Berichtens irgendwann mit sich selbst übereinzukommen.

> Der Vorteil dieses Tagebuchs liegt in dem unvorhergesehenen Neuaufsprossen von Gedanken, von Begriffsvorstellungen – was von sich aus, mechanisch, die großen Adern deines inneren Lebens bezeichnet. Von Mal zu Mal suchst du zu erfahren, was du denkst, und erst *après coup* gehst du daran, ihre Verbindungen mit alten Tagen nachzuprüfen.
>
> Das ist die Eigenart dieser Seiten: zulassen, daß der Aufbau von selber geschieht, und deinen Geist objektiv vor dich hin stellen.

Es ist in diesem Hoffen ein metaphysisches Vertrauen ent-
halten, daß die psychologische Aufeinanderfolge deiner
Gedanken sich zu einem Bau zusammenfüge.

(Pavese, *Handwerk des Lebens*, 175)

Das geheime Leben der Stunden, niemand kennt es. Nah-
rung für Stimmungen und Launen, die keine Datierung
erlauben, Gegenstände des Verdrusses, marternde Me-
chanismen, und sie sind auf Wiederholung aus. — Und
wenn der Diarist sich nun entschlösse, von allem einfach
davonzulaufen, wie die Feder in einer Uhr?

Er würde gleich sehen, dass dies nicht genügte, denn es
ist bekannt, dass das im Werden begriffene, in Akten der
Selbstkonstitution sich setzende und auflösende Selbst
nicht deckungsgleich ist mit dem diarischen (horizontalen) Ich, das seine Wort- und Tagesfolge sklavisch dem
Lauf der Sonne anpasst, sich begnügt mit dem chronoto-
pen Gerüst des Kalenders und der subjektiven Sicht als
einzigen Darstellungsprinzipien und formgebenden Fak-
toren. Im durchschnittlichen Reflexions-, Notiz- oder
Krisentagebuch – den rückgratlosen Versuch, eine diaristische Typologie vorzuschlagen, wollen wir hier gar nicht
erst wagen – manifestiert sich nicht eine Beschränkung
des Bewusstseins für zeitliche Abläufe im Allgemeinen,
sondern eine des Bewusstsein der Zeit eines Tages. Der
Diarist fasst sich zum Ziel, das Erleben eines Tages zu
konzentrieren und konservieren, doch entgegen seiner
Wünsche verschränken sich die Zeitebenen, deren Aus-

dehnung über den Einzeltag und seine Statik hinausgeht, und entlarven damit jedes Festhalten an metronomisierten Zeit- und Größeneinheiten als existentiellen Selbstbetrug. Der aufmerksame Leser kann nicht umhin, sich der Deutung anzuschließen, das Diarium bemühe sich, durch chronovore Buchführung und Abhub der als gleichförmig und wiederholbar erlebten Tage Konzentration zu erzwingen und zum Mythos, zum Archetyp kalendarischer Zeitlichkeit, selbst sich zu erhöhen.

Dies muss nun nicht bedeuten, dass die Präsenz der vertikalen Dimension, das Beharren auf der Vertrautheit der Geschichte und der in sprachlichen Sedimenten abgelagerten Erinnerung und Zeugenschaft, stumpfes Schreibhandwerk indizierte, das keine selbständige Kunst zuließe. Struktur bedeutet in erster Linie Ablagerung einer Dauer, und die Dichtigkeit eines Textes und seiner Bildfiguren entsteht in Abhängigkeit von der Erfahrung der Zeit ebenso wie der Materialität geschlossener, zu Blöcken gefügter Beobachtung. Die stumme Seite der Verknüpfung beider erklärt sich aus der schwebenden und vorläufigen Natur des Diskurses, die als Grenze des Möglichen firmiert, als äußerster Pol der Negativität, und es auf diese Art und Weise dem Diaristen gestattet, sich außerhalb der Konstanten des erwarteten Holzschnittstils skriptorisch in eine Dimension hinein zu entfalten, die man ohne Abstriche als künstlerisch bezeichnen darf – totales Sprachzeichen im Aufwachraum einer Gattung, deren Worte nicht selten vor Ergriffenheit tremolieren, während sie zugleich veruntreuen, was sie ergriffen hat.

> Natürlich möchten wir dem Bizarren einen Allgemeinwert geben, so beständig, daß man ihn immer einlösen kann. [...] Das heißt: der *Aufbau* der Schönheit muss etwas Bizarres haben, die Elemente sind ganz gewöhnlich und – behaupte ich – unmittelbar wiederzuerkennen. Denn, wenn ich es zusammenfasse: eine *strangeness* an Dingen entdecken ist leicht und bedeutet gar nichts; man muß eine *strangeness* an Beziehungen – am Aufbau – entdecken, und dann wird man gelernt haben, das Bizarre zu sehen, dann wird sich gezeigt haben, wie das Bizarre entsteht und lebt ganz allgemein zwischen allem Banalen und dem Ernsthaften.
>
> (Pavese, *Handwerk des Lebens*, 100f)

In unerwarteter Zuspitzung zentraler Leitfragen der ästhetischen Moderne münzt der Diarist seine Beobachtungen mit poetologischer Schärfe aus und nimmt sich die Freiheit, den ins Auge gefassten Bruch mit literarischen Normen unmittelbarer als jene Genres zu gestalten, die sich auf Grundlage eines numinosen avantgardistischen Prinzips selbst die insuläre Begabung zusprechen, punktuell noch einmal von vorn anzusetzen (*The Waste Land*, *Ulysses*); verzichtet auf komponierte Geschichten, erfundene Figuren und Lebensläufe, Rundung und Überschaubarkeit im planvollen Ganzen. Bekenntnis, Rechenschaft und Kontinuität verfliegen, das Periphere, täglich Vergessene, wird schwer und eigengewichtig.

Diese Aufzeichnungen sind in der Form, wie sie hier erscheinen, nicht von vornherein geplant gewesen. Es wurde mit ihnen in der Absicht begonnen, sie in einen Zusammenhang zu bringen, etwa einer Geschichte oder [...] eines (stummen) Theaterstücks. [...]

Je länger und intensiver ich damit fortfuhr, desto stärker wurde das Erlebnis der Befreiung von gegebenen literarischen Formen und zugleich der Freiheit in einer mir bis dahin unbekannten literarischen Möglichkeit. [...]

Das Buch hier könnte man also eine Reportage nennen; es ist keine Erzählung von einem Bewusstsein, sondern die unmittelbare, simultan festgehaltene Reportage davon.

(Handke, *Das Gewicht der Welt*, 6)

In der Allergie gegen die etablierten Formen als bloße Akzidentien stülpt sich die beharrliche Weigerung des Diaristen nach außen, mit seiner „Reportage" auf die Psychologie des schöpferischen Menschen herunterzukommen; allerdings entgeht sie auch nicht der Versuchung, die Zeit annullieren und aus der Rechnung streichen zu wollen. Die unterstellte Gleichzeitigkeit von Text und Erlebnis, die nach Abzug des Subjekts als gerechte Unparteilichkeit herausspringt und die Sache scheinbar rein und ohne Zutat gibt, ist – ungeachtet der damit eingereichten Anklage – fester Bestandteil eines Schrifttums, das nicht die gängigen Klischees, Signifikate und begriffslosen Daten in Frage stellt, sondern diese ganz im Gegenteil erst voraussetzt. Nicht glühende Enthüllung schwebt ihm vor, sondern Fusion des Eigentlichen mit der Weltanschauung des bildungsfernen Philisters, der nicht müde wird, seine Kasteiung durch die Unfreiheit akademischer Disziplinierung anzuprangern und aus ihr ästhetisches Kapital zu schlagen. Er verwandelt die stoffliche Welt der Struktur seines Inneren an und strahlt das so transformierte und neugeprägte Bild der Welt zurück, ein ungeduldiger Mensch, der, sobald er als Beobachter in die Welt hinausgeht, diesen Akt unmittelbar als moralischen Sieg empfindet. Grimmige Gereiztheit bestimmt den Ton seiner Einträge, wütender Ekel angesichts der Gleichgültigkeit und Unechtheit, die das Leben ohne Genuß verzehren. Scheinbar nichts befindet sich am richtigen Ort.

> Durch die dröhnende Stadt gehen, und überall sitzt jemand lädiert und wird von allen Seiten betrachtet, und ein mit dem Schrecken Davongekommener erklärt, wie es gekommen ist, und überall ist ein Polizist da, der sagt: „C'est fini! Partez!" – Und trotzdem torkelt das Gefüge.
>
> (Handke, *Das Gewicht der Welt*, 13)

Dass ohnehin das Tagebuch so häufig von Personen erzählt und sich ungelenk der Fährnis dumpfer Überlagerung mit Stoffhuberei überlässt anstatt die Gegenstände selbst aufzuschließen – daran ist die Form nicht ganz unbeteiligt. Kein Medium kann sich so schrankenlos und blind dem Diskurs anvertrauen wie die Idee ergriffenen und überfließenden Meinens es suggeriert. Mit seinen Parolen der Beständigkeit und Gegenwärtigkeit legt die lang währende Tradition des europäischen Tagebuches von dieser Positivität und priesterlichen Hingabe ans Tatsächliche, Lebendige und ewig Bedingte ehrfürchtiges Zeugnis ab. Ihr ubiquitärer „Jargon der Eigentlichkeit" verfügt über eine bestimmte Anzahl „signalhaft einschnappender" Wörter wie „Spielmarken […], unberührt von Geschichte", die frömmelnd menschliches Angerührtsein konnotieren, im Grunde aber selbst so „standardisiert" sind wie das kulturelle Umfeld, das zu negieren sie sich erbieten (Adorno, *Jargon der Eigentlichkeit*, 9, 11). Der Fülle des Tages und seiner Register verfallene Realisten plagiieren unbeirrt die Wirklichkeit, der sie in und mit ihren Journalen beizukommen versuchen, obwohl sie sich doch vielmehr der unbequemen Frage stellten müssten, ob sie nicht in den falschen Tönen orphischer Selbstüberbietung vom eigenen amphibischen Dasein künden. Qualität schlägt ihnen um in Quantität, prätendiert und sanktioniert also Kunst nach Maßgabe seelischer und charakterologischer Prämissen, gegen deren Macht Einspruch zu erheben stets die Funktion aufrechter veristischer Kunst gewesen ist. Der eigentliche Gewinn des Diariums mag letzten Endes also darin liegen, dass es sich der falschen Hingabe ans Narrativ stoisch erwehrt; sein Fragmentcharakter widersetzt sich den aneinandergereihten Beichten der Tage, die sich einer Erinnerung bemächtigen, als sei diese das Ergebnis monokausaler Fügungen, die in der Zeit einstehen und darin zum Stillstand gekommen sind wie in Reih und Glied geordnete Plastiken in einem Antikensaal. Im Gegensatz zum Roman und zur Novelle zieht das Tagebuch moderner Observanz, seiner Konzeption nach, die vollen Konsequenzen aus seiner unbeugsamen Kritik an der Herrschaft mimetischer Poetiken, die in der Unterstellung des Vermittelten als unmittelbar das künstlich Geschaffene der Wahrheit *per se* anverwandeln. Es trägt dem Bewusstsein der „Nichtidentität" (Adorno) Rechnung, ohne diese prinzipiell zu erörtern, bleibt empfindsam und radikal im Akzentuieren des Partiellen gegenüber der Totale, im Stückhaften und Ungefähren. Sein Urheber vermeidet es tunlichst, „sich die Abfolge von Begebenheiten durch die Finger laufen zu lassen wie einen Rosenkranz" und erfasst stattdessen, den Historiker vor Augen, „die Konstellation, in die seine eigene Epoche mit einer ganz bestimmten früheren getreten ist" (Benjamin, *Illuminationen*, 279). Seinen Chiffren und Notizen weist er Geltung zu gemäß der Entschlossenheit, mit der sie ihre Gegenstände durchdringen, nicht danach, inwieweit sie logisch auf ein anderes zurückführen. Seine Wirklichkeit erscheint aufgelöst in Blöcke, Serien und „Intensitäten" (Deleuze und Guattari, *Rhizom*, 7), die im Akt des Schreibens eine diskontinuierliche, mit Unterbrechungen versetzte Abfolge von Einheiten erzwingen. Einträge und Tagesbeichten, Exerzitien und Kondensate sind Sinnblöcke, die auf eine stückhafte und zufällige Verteilung – mit Leerstellen dazwischen – deuten. Der Struktur poetischer Listen nicht unähnlich, indiziert das Unvollendete des Diariums damit nicht so sehr das Fragmentarische oder den Mangel, sondern vielmehr die Unbegrenztheit, die Freiheit experimentierender Fluchtlinien im Text selbst. Als Vorlage zur Veranschaulichung dieses Vorgangs mag eine Skizze dienen, die Gilles Deleuze und Félix Guattari zur Erläuterung des fragmentierten Stils bei Franz Kafka herangezogen haben (Deleuze und Guattari, *Kafka*, 103). Die als zu- bzw. gegeneinander versetzte Blöcke angedeuteten Einträge verteilen sich auf einer Kreislinie und umschließen ein imaginäres panoptisches

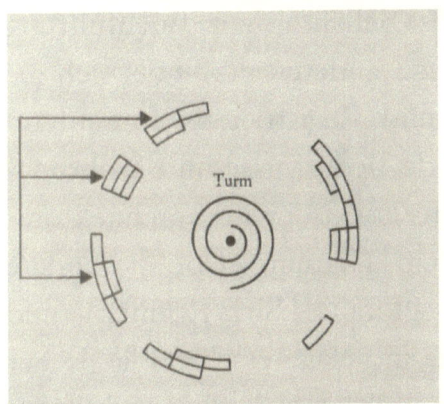

Zentrum – den „Turm". Je nach Anlass und Dringlichkeit können die Blöcke – oder datierten Buchungen – ihre Form und Anordnung ändern, sich zueinander verschieben oder parallel beigeordnet werden. Sie lassen sich in Gruppen zusammenfassen und trassieren auf diesem Wege Lücken, die – unter den gegebenen situativen Verhältnissen – wohl gefüllt, aber nicht vollständig geschlossen werden können. Eng aneinander gereihte Querräume helfen die mittelbare Distanz der Einträge (von Tag zu Tag, Person zu Person, usw.) zu kaschieren bzw. zu überbrücken. Der Turm – Präfiguration des Gesetzes, der Maxime oder des äußersten Grundes, dem das Diarium sein Dasein verdankt (Krisis, *Ich*-Mitteilung, Tatenalbum oder spirituelle Suche) – befindet sich in gleicher Entfernung zu jedem einzelnen Block und ist dennoch in unerreichbare Ferne entrückt. Aus ihm schält sich kein Transzendentalbild heraus. Als imaginäres und zugleich unzugängliches Zentrum des Textes verweigert er die Definition seiner Leitbegriffe und weicht einer konstanten „Immanenz des Verlangens" (*ibid.* 101), die das Feld der textuellen Produktion durchzieht.

Die Aussichten auf eine erlebnisreiche Begegnung in diesem Medium sind groß. Einerseits behält das Tagebuch seine klare Ausrichtung als Behältnis zur Buchführung der Gedanken und Ereignisse, andererseits findet sich die Mechanik des Sortierens und Registrierens fortlaufend korrigiert und an wechselnde Bedürfnisse und Wahrnehmungen angepasst. Mehrere koexistierende architektonische Modelle verleihen dem Diarium seine besondere Charakteristik. Zur intimen Flora des Sich-Erinnerns und behaglichen Berichtens, das in geleiteter chronologischer Ausrichtung sich erstreckt, gesellen sich die Fluchtlinien der Selbststeigerung und der intimen Bekenntnisse, der Zuspitzung und anekdotischen Kleinmalerei. Über schier endlose Stiegen erreicht man den Weltinnenraum des Subjekts; glanzvolle und monumentale Einstellungen von der Seite oder von oben beleuchten das Journal zugleich in einer fließenden Ausführlichkeit, die den Leser an die Grenzen seiner Teilnahmsbereitschaft trägt. Die darunter verborgene „rhizomartige Kanalisation" (*ibid.* 105) mit ihren Seitengängen der Infrasprache und Auskunftei eröffnet weitere Zugänge zur verzweigten Kontiguität der Einträge und Notate, die, eingestreut in die wuchernden Serien der intimen Register und Begegnungen, den Modus

verkörpern, in dem ein Segment aus einem anderen er-
wächst und auf Nebenwegen wieder dahin zurückführt.
Man geht zu weit und so fort, blättert zurück, wischt sich
die Augen. Nichts liegt zueinander auf einer geraden Linie, die Bedeutung der Einträge verändert sich mit jeder
weiteren delphischen Ergänzung, die eine zuvor ausge-
pinselte Beobachtung verschiebt, verfeinert oder verrät-
selt. „Immer wieder die paranoische Spirale und die gren-
zenlose schizoide Gerade" (*ibid.*). Innere Wucherungen,
unentwirrbare Verflechtungen, elastisch, schwankend und
wandelbar, die sich zu neuen Serien öffnen und gedankliche Engpässe aus ihren Blockierungen lösen.

> Mit siebzehn lernte ich einen dünnen Mann mit kräftigen
> Oberschenkeln und beginnender Glatze kennen, der endlos
> redete, snobistisch, geschraubt, und mich »Süße« nannte.
> Nach ein paar Tagen heiratete ich ihn. Wir redeten sieben
> Jahre lang. [...]
> Ich wurde von Frauen vergewaltigt und fand das nicht allzu
> bedrohlich. Wie dankbar bin ich den Frauen – die mir ei-
> nen Körper gaben, es mir sogar ermöglichten, mit Männern
> zu schlafen. [...]
> Ich bin eine Frau. Und dadurch hat sich eine ganz neue
> Welt des Todes vor mir aufgetan.
> Ich versuche nicht, meinen eigenen Tod zu beherrschen.
>
> (Sontag, *Ich schreibe, um herauszufinden,*
> *was ich denke*, 385, 394, 398)

Paradigmatisch – in vertikaler Sättigung – durchzieht das
Motiv des Sterbens diesen Kranz aus Destillaten, ver-

knüpft den Tod einmal mit schwerer Krankheit, dann wieder mit Verlust und sexueller Aggression. Mit sich verzweigenden Kontiguitäten im Felde der Immanenz der Erfahrung hebt das Journal an und treibt diese, selbst wesentlich Sprache, unbarmherzig voran. Immer wieder wird der Faden neu aufgenommen, der zugunsten eines anderen, erweiterten Segments – der Mühsal intellektueller Arbeit, erotischer Beziehungen, Titel-, Film- und Bücherlisten – zuvor fallengelassen wurde. Autonome Serien beginnen zu wachsen, die längs durch das Diarium verlaufen und in Tuchfühlung mit dem Wesentlichen zu sein beanspruchen, während sie zugleich paradigmatisch untereinander verbunden sind. *Erlebte Zeiten* werden von *starken Zeiten* überlagert, aus Vergangenem entsteht eine auf Dauer gestellte Gegenwart. Erinnerung findet Verwendung als Pharmakon und als Waffe. Auf diesem Feld ist souverän, wer über die richtige Dosis entscheidet.

> Welche Rolle war mir jeweils zugedacht? Als Knecht habe ich größere Erfüllung gefunden; es war nährender. Aber ob Herr oder Knecht, man ist gleichermaßen unfrei. Man kann nicht zur Seite treten, von seinem Part abweichen. […]
> Genuss – ich habe das Recht auf Genuss aus den Augen verloren. Sexuellen Genuss. Genuss beim Schreiben zu empfinden und Genuss zum Kriterium dafür zu machen, was ich schreibe. […]
> Sex kriegt allmählich einen schlechten Ruf. In den 60ern stand er für Energie, Freude, Freiheit von verstaubten Tabus, Abenteuer. Jetzt erscheint er vielen Leuten die Mühe nicht wert. Eine Enttäuschung. (*ibid.* 55, 421, 476)

Die Diaristin lebt und schreibt gemäß der groben, emotional getönten Pointe, handelt von Welt und Solipsismus, setzt Intensität und Energetik gegen das Gewicht der Repräsentation. Knotenpunkte zwischen den so entstehenden Serien verschrauben die Chiffren und Register, schaffen „Aussageverkettungen" (Deleuze und Guattari, *Kafka*, 113) und polyvoke Kombinationen aus Bekenntnissen und Pausen, Vorsätzen, Qualitäten und Verwandlungen. Das Tagebuch blickt stets – im Gegensatz zur Autobiographie – in die Nähe, fasst den *nächsten* Augenblick ins Auge. (Im gegenwärtig dominierenden Medium des Internets unterwirft es sich – in Form des meist autobiographisch angelegten Blogs – sogar vollständig den Vermittlungsformaten der 'Kultur des Nächsten'.) Die festen Grenzen singulärer Denotate verlieren sich zugunsten elastischer Barrieren, die sich verschieben und überlagern und in diesem Verlauf immer wieder Schwellen mit hoher Intensität kreuzen. („Die Geschichte, die Irene mir erzählt hat – wie sie vor vier Jahren ausgeraubt und vergewaltigt wurde. [...] Ich fragte: »Hat dich das erregt?« Sie sagte ja...", Sontag, *Ich schreibe, um herauszufinden, was ich denke*, 445). Das eigentliche Numen („Mitteilung", „Erfüllung", „Unendlichkeit", usw.) indes bleibt verschleiert, entzieht sich hartnäckig. Die Geduld der Diaristin, das was bleibt, eintreffen zu sehen, wird auf eine harte Probe gestellt. Immer wieder dämpft sie das Licht der anderen, um in die Dämmerung des eigenen Selbst einzutauchen, belässt es aber nicht dabei, aufsehenerregende Notate auf einem flachen, trivialen Sprachgewebe zu verteilen. Was der Verzicht auf Festlegungen und schärfere Dispositionen opfert, müssen das *Wie* des Ausdrucks und erinnerndes Wiederholen retten. Was nicht aufhört, sich zu entziehen, ist die unsichtbare *Bestie*.

> Schreiben heißt, die schlechten Stilformen verbrauchen, indem man sie anwendet. Auf das schon Geschriebene zurückkommen, um es zu verbessern, ist gefährlich: man würde verschiedene Dinge nebeneinanderstellen. [...]
>
> Es kommt eine Zeit, in der man sich Rechenschaft ablegt, daß alles, was wir tun, zu seiner Zeit Erinnerung sein wird. Das ist die Reife. Um dahin zu gelangen, muß man eben schon Erinnerungen haben. [...]
>
> Hier werden die Dinge niedergeschrieben, die nicht mehr gesagt werden sollen, sie sind die Späne beim Abhobeln. Das Abhobeln ist der Tag. [...] Man räumt den Platz, damit das Tier, das kommen wird, deutlich gesehen werden kann.
>
> (Pavese, *Handwerk des Lebens*, 135, 288, 319)

Eine eindringliche Analyse der täglichen Gratwanderung des Chronisten, die Mühsal des Alltags und das Empfinden der Unterbrechung mit den Herausforderungen einer eigenen Schreibweise zu verbinden, findet sich bei Roland Barthes. In seinem autobiographisch-semiologischen Diarium *Über mich selbst* setzt er bewusst Pausen – er bezeichnet sie als „Anamnesen" –, die sich zu Schwellen höherer Reflexion heranbilden, bewegliche Barrieren des Alltags im Felde diffundierender Kontiguität.

In der Straßenbahn am Sonntagabend vom Besuch bei den Großeltern. Es wurde im Zimmer zu Abend gegessen, am Kaminfeuer, Bouillon und geröstetes Brot [...]

Ich nenne *Anamnese* die Handlung – Mischung aus Genuss und Anstrengung –, die das Subjekt vollzieht, um, *ohne sie zu vergrößern oder zum Schwingen zu bringen*, eine Feinheit der Erinnerung wiederzufinden: es ist das Haiku selbst.

(Barthes, Über mich selbst, 126, 129)

Den Anamnesen eignet eine Sprache, die emotionale Intensität und Doxa – laut Barthes eine Art zu sprechen, „die dem Anschein, der Meinung oder der Praxis angepasst ist" (*ibid.* 52) – in eine neue Relation setzt. Das überlieferte Ideal des Natürlichen, das stets in Gefahr schwebt, den Text und seine Zeichen zu reterritorialisieren, Grenzen zu bilden und seßhaft zu werden, versteht sich hier nicht als Abbild oder festes Signifikat, sondern als Relais einer unaufhörlichen Transformation, die das Journal punktiert und Leerstellen in seinen universellen Sinn, in sein öffentliches, auf den Anderen hin konzipiertes Sprechen, zwingt: „Diese wenigen Anamnesen sind mehr oder weniger matt (bedeutungslos: des Sinns enthoben). Umso besser es gelingt, sie matt werden zu lassen, umso besser entgehen sie dem Imaginären" (*ibid.* 129). Denn auch im Tagebuch firmiert das Imaginäre als wirkmächtige Instanz und Vektor der Selbstvollendung, Fabrikation der Phantasie, die unentwegt neue Formate der Ich-Steigerung instituiert und die Vivisektion des Selbst mit prüfender Innerlichkeit und dem Bedürfnis nach geistig-seelischer Hygiene zu einem kraftvollen Dispositiv verschmilzt. Sie geht reihum „wie ein starker Wein unter den Zechern des Textes" (*ibid.* 52), niemand wird mit ihr fertig. Ihr „Verlangen bildet immerfort Maschinen in der Maschine" (Deleuze und Guattari, *Kafka*, 113), die neue Milieus heranzüchten und diesen einen festen Platz innerhalb des libidinösen Ganzen anweisen (Ergriffenheit, Geständnis, Beichte, usw.). Dass das Imaginäre sich überhaupt wider Erwarten auf dem Prüfstand wiederfindet, lässt sich auf die Tatsache zurückführen, dass es selbst längst als herrschender Diskurstyp etabliert ist und damit über ausreichend Energie verfügt, um in der Ideosphäre des Diariums Ablagerungen zu befördern, die leicht zu Phantomen und Dogmen aushärten. Ende der „Unruhe" und der „unterirdischen Bewegung" (Lyotard, *Intensitäten*, 32), möchte man meinen, der Zwischenrufe und fein kalibrierten Nuancen, des produktiven semiotischen Widerstandes, der über das autistische Pathos des Ich hinausgeht und dabei immer neue Formationen im Weltinnenraum vieler *Cahiers intimes* heranbildet. Auch dem Imaginären steht ein festes Sprachsystem zur Verfügung, ein Apparat regulativer Ideen und Phrasen, die das Subjekt und seine Selbstzerwürfnisse, den „Pharaonismus der Ich-Steigerung" (Hocke, *Das europäische Tagebuch*, 116), in Regie nehmen und der gewissenhaften, aber monotonen Inventur der Tage den Anstrich eines universellen, geradezu homöostatischen Vorgangs verleihen.

Ich bin kurz davor, wahnsinnig zu werden. [...]

Ich habe diese Notizbücher noch einmal gelesen. Wie trost-
los und monoton sie sind! [...]

Ich gehe dieses Semester an die Cal [*University of California*],
wenn ich einen Platz im Studentenwohnheim bekomme.
[...] Tja, da wäre ich nun. (Sontag, *Wiedergeboren*, 24ff)

Der Erreger für die „Krankheit" des Tagebuchs, er findet
sich hier: im keimhaft „unauflösliche[n] Zweifel am Wert
des darin Festgehaltenen", im „Schreibwahn, dessen
Notwendigkeit auf dem Weg zwischen der hervorge-
brachten Notiz und der gelesenen Notiz verlorengeht"
(Barthes, „Erwägung", 390, 402).

Einen Mitstreiter finden die Anamnesen, diese kleinmale-
rischen mimetischen Einschübe, in praktischen und literarischen Listen, die dem Tagebuch in höherem Maße
eignen als man auf den ersten Blick zu supponieren bereit
ist. In Form eigensinniger Kataloge sammeln und rubri-
zieren sie Belege des Alltagsgeschehens, Quisquilien und
Quidditäten, deren Funktion darin besteht, Besonderhei-
ten und Idiosynkrasien ihrer Besitzer herauszustellen.
Ihnen eignet eine faszinierende relative Inkohärenz und
ein rhizomischer Stil, deren besonderer Reiz darin liegt,
über keine fest gefügte Struktur zu verfügen. Sie sind aus
den verschiedensten Materialien gemacht, aus unterschiedlichen Daten, Schichten und Geschwindigkeiten.
Dem Leser ist es freigestellt, den über interne Felder und
Ereignisorte gestreuten Parcours aus Termen und Expo-

naten in eine respektabel geordnete, kausale Reihe zu bringen. Diesem vermeintlich eigenschaftslosen „Einzeller" (Cotten, *Nach der Welt*, 64) unter den Sachwaltern des literarischen Fragments verdankt manches Diarium seine nahezu klösterlich karge Prägnanz, Brevität und Lakonik der Darstellung.

> Was ich mag: Feuer, Venedig, Tequila, Sonnenuntergänge, Babys, Stummfilme, Höhen, grobes Salz, Zylinder, große Langhaarhunde, Schiffsmodelle, Zimt, Federbetten, Taschenuhren, den Geruch frisch gemähten Grases, Leinenstoff, Bach, Louis-treize-Möbel, Sushi, Mikroskope, [...] (Sontag, *Ich schreibe, um herauszufinden, was ich denke*, 442)

An Intensität und dramatischer Tiefe mag es diesen ungenierten Zusammenstellungen von privaten Vorlieben und Aversionen mangeln, dafür lässt sich aber die Hypothese wagen, dass die Liste oder Reihung von besonderer Bedeutung ist, weil sie das Gesetz der unendlichen Teilbarkeit *und* Kombination der Zeichen in ästhetischen Texten verkörpert: den elliptischen Satz, das bunte Fresko, die zufällige Kartothek. Listen sind eifrige Sammler, ihre Gedächtnis- und Gestaltungsrezepturen übertreffen andere Glossare und Inventare durch ihren Grad an Offenheit, Abstraktion und spielerischer Schlichtheit. Die exotische Freizügigkeit der Auswahl ist jederzeit ausbaufähig durch Juxtaposition des Entlegenen bzw. Rekomposition des Zerstreuten sowie gezielt eingesetzte Effekte der Diskontinuität und Äquivalenz.

Ich liebe: Salat, Zimt Käse, Gewürze, Mandelteig, den Geruch frisch geschnittenen Heus [...] Rosen, Pfingstrosen, Lavendel, Champagner, leichte Stellungnahmen in der Politik, Glenn Gould, über alle Maßen eisgekühltes Bier, flache Kopfkissen, geröstetes Brot, Havannazigarren, Händel, abgemessene Spaziergänge [...] (Barthes, *Über mich selbst*, 137)

Trotz Fehlens der gewohnten syntaktischen Kopplungsmodalitäten genügt die Aufzählung disparater Terme, um beim Leser ein reich nuanciertes synästhetisches Panorama anzustoßen. Der Katalog kapselt seinen unmittelbaren Referenzbereich ein, suggeriert aber zugleich, dass die Serie der Terme sich außerhalb der Buchung weiter fortsetzen wird. In seinem mirabilistischen Konservatorium werden Sinn- und Sachbezüge neu erfahren. Die zu vitalen Registern verdichteten Reihen erweisen sich als offene Leselabyrinthe in ihrem Anliegen, die *Eigenschaften* ihrer Bausteine deren *Substanz* vorzuziehen und dem Leser dabei die Arbeit der Assoziation und Verkettung zu überlassen. Als kleinste Kantone des diaristischen Diskurses sind sie gewissermaßen vorausgenommenes Echo, denken oder vielmehr: klingen vorwärts über die Zeit. Unmittelbarkeit und Nähe zum erinnerten Gegenstand sind ihnen die wichtigsten Transmissionsriemen zur Ausgestaltung der Sequenz, die darin dem Verlangen des modernen literarischen Tagebuchs nach Identitätsflucht und Selbstaufhebung begegnet und dieser tragischen Konfrontation noch die Befreiung aus Vorurteilen und Dogmen, ein produktives, wenn auch unsicheres „Fluktuieren zwischen Innen- und Außenwelt", abzugewinnen vermag (Just, „Das Tagebuch als literarische Form", 33). Der einzige Schauplatz, der dabei nicht besucht, die Szene, die von jeder tieferen Introspektion ausgenommen wird, ist jene der wahrhaft inneren Erfahrung – der „Aufkündigung der Ruhe", des Seins „ohne Aufschub" (Bataille, *Die innere Erfahrung*, 69) – der projektive Raum, in anderen Worten, in dem jeder vom Delirium des Schreibens Erfasste den Krieg auf seine Weise führt und gewinnt, der Fundamentalismus des Subjektiven immer wieder neu statuiert, das unentrinnbare Ich zum dämonischen Quälgeist wird. In Exzessen der Selbsterfahrung stößt der Chronist an Kerkermauern, schneidet sich als geistvoller Häftling selbst die Fluchtwege ab. Er ist Monade; und doch keine. Seine Notate und Mitteilungen weisen über die spezifische Erfahrung oder Einzelstelle hinaus, in der sie sich versammeln. An Statur gewinnt sein Diarium dadurch, dass es darauf verzichtet, sie dorthin zu verfolgen, wo sie sich jenseits des immanierten Geistesakts legitimieren. Um nicht selbst in die Gefahr schlechter Unendlichkeit zu geraten, rückt es der unterstellten Substanz der Erfahrung (des Gegenstandes, der Idee, usw.) so zu Leibe, dass diese in die Momente sich dissoziiert, in denen das Journal sein wahres, amphibisches Leben hat.

> Ich *erkenne* Wert, ich *verleihe* Wert, ich *schaffe* Wert, ja ich schaffe sogar – oder gewährleiste – Existenz. Daher mein Drang, »Listen« aufzusetzen. Die Dinge (Beethovens Musik, Filme, Geschäftsbetriebe) existieren erst dann, wenn

ich mein Interesse an ihnen kundtue, indem ich zumindest ihren Namen aufschreibe. (Sontag, *Ich schreibe, um herauszufinden, was ich denke*, 231)

Listen, Kataloge und 'Anamnesen' werfen ihr Licht zurück aufs Einfache und erhellen es als eine Stellung des keimhaften Gedankens zum Bekenntnis, zur Pedanterie der Einzelstelle oder erwachsenen Chiffre. Sie bilden eine Art Schub, zwingen das Tagebuch dazu, die ins Auge gefassten Gegenstände gleich mit dem ersten Schritt so vielschichtig und rhizomisch zu denken, wie sie sind, und nicht im Sinne transitiver, linearer Kommunikation. Ihre Differenziertheit ist kein Zusatz, sondern ihr *Medium*.

> Was ist wichtig, was nagt an mir: Was aus der Vergangenheit ist verwertbar –
>
> Philip
> das Gefühl, verrückt zu sein
> Amerika
> Frauen
> Missgeburten
> der Wille
> Cocktails & overdrive (*ibid.* 381)

Die antagonistisch und monadisch aufgespaltene Realität ließe sich nicht einmal im Sinne suggestiver *Triaden* noch auf allgemeine oder erschöpfende Modelle zuschneiden. Das existentiell notwendige tägliche Destillat schüttelt die Illusion einer harmonisch strukturierten Welt ab, die zur

Verteidigung des Gegebenen, des Seins, der unterstellten vermeintlich 'inneren Erfahrung', so gut sich schickt.

> Drei Themen, denen ich schon mein Leben lang nachgehe:
> China
> Frauen
> Missgeburten (*ibid.* 370)

Der Diarist denkt in Brüchen, so wie die Realität brüchig ist, und trassiert seinen Parcours durch die offenliegenden Brüche hindurch, und nicht, indem er sie einebnet. Diskontinuität ist ihm wesentlich, seine wichtigste Sache stets ein stillgestellter und auf ein zukünftiges Datum vertagter Konflikt: Verdrängung, amouröses Hoffen und Bangen (Cesare Pavese, André Gide), spirituelle Lebenskrisen. Ihn leitet die Utopie des Gedankens, mit jedem Eintrag ins Schwarze zu treffen, sich – wenigstens vorübergehend – mit dem Bewusstsein der eigenen Vorläufigkeit zu versöhnen, der unablässig tastenden Intention nachzugeben und an einem ausgewählten partiellen Zug (*trait unaire*) Vollständigkeit aufleuchten zu lassen, ohne diese als gegenwärtig oder gegeben zu behaupten. Seine Listen, Kataloge und Anamnesen möchte er reflektierend ins eigene Kompositionsverfahren hineinnehmen anstatt sie als Produkte des Unmittelbaren auszeichnen zu müssen.

Dennoch ist die Architektur des Diariums nicht derart beliebig, wie es einem interessierten Rezipienten zunächst erscheinen mag, der den Zwang zur Sache ('Erlebnis',

'Begegnung', 'Aussage', usw.) habituell in den der Zeichenordnung verlegt. Sie ist offener und geschlossener zugleich als traditionellem Dafürhalten gefallen kann: offener insofern, als sie jede Systematik durch ihre Anlage unterminiert und umso besser gefällt, je strenger sie es damit hält; geschlossener, weil sie emphatisch an der Reform der überlieferten Repräsentationsmodi arbeitet und Abschlagszahlungen auf verkürzte Synthesen und untaugliche oder irritierende Befunde verweigert. Das Bewusstsein der Nichtidentität von Darstellung und Sache nötigt erstere zur ununterbrochenen Anstrengung; das Vorgreifende, nie ganz Eingelöste jeder Erfahrung, jedes seelischen Details, zieht als Negation andere herbei. Die 'Unwahrheit', in die wissend das Tagebuch sich verstrickt, ist somit Baustein seiner exzeptionellen Wahrheit.

> Wortlisten erstellen, um mein aktives Vokabular zu vergrößern. Um nicht nur klein zur Verfügung zu haben, sondern auch mickrig, nicht nur Streich, sondern auch Ulk, nicht nur peinlich, sondern auch blamabel, nicht nur Betrug, sondern auch Schwindel. (*ibid.* 137)

Das Arbeiten mit Pantonymen, mit Listen und Litaneien, verdeutlicht, in welchem Maße dem modernen, sprachskeptisch unterfütterten Diarium auch daran gelegen ist, sich in kulturell und linguistisch konstruierte Phänomene als eine 'zweite Natur' zu versenken – eine zweite Unmittelbarkeit –, um durch Beharrlichkeit deren Illusion aufzudecken und das schimärische, in das Mysterium seiner

Existenz vergaffte Selbst auf seine liminalen Schwellen zurückzudrängen. Ursprungserlebnis und soziolinguistischer Überbau werden in diesem Grenzraum zwangsläufig identisch, und die disparaten Gegenstände liegen praktisch gleich nah zum Gravitätszentrum selbst: dem subjektiven Prinzip, das sie alle verzaubert, für sich einnimmt, unentwegt in Grenzbezirke des Wahn- und Gegensinns treibt. Unter dem prüfenden Blick des Diaristen wird die zweite Natur ihrer selbst inne als erste.

Nun ist das Ich mit seiner Logik orphischer Selbsterhöhung und -rechtfertigung auf lange Sicht so unvermeidlich wie eine Welle im Meer. Überschwängliche Freude darüber würde wiederum die Einsicht verdunkeln, dass es sich – um zu lernen – der eigenen „Unwahrscheinlichkeit" anvertrauen muss, und dass es eine ewige „Herausforderung" darstellt für die gehaltlose Endlichkeit, die es umgibt. Als flüchtiger Eindruck huscht es vorbei, das Ich, hält mit den Gegenständen seines Erlebens weniger ein inneres Band als vielmehr eine Art „ruinierter Übereinstimmung" (Bataille, *Die innere Erfahrung*, 100f) aufrecht. Jedoch: einmal emanzipiert, ist es mobil und sucht mehr als nur die Wiederholung und Aufbereitung des Zurückliegenden, errettet sich vielmehr ein Moment der Sophistik und der aus sozialen Zwängen und Schulen befreiten ästhetischen Kommunikation, um diese zur Idee einer radikalen Freiheit dem Gegenstand gegenüber zu sublimieren. So mancher Diarist hat die rhetorischen Möglichkeiten des Mediums erkundet und die – häufig unterstellte –

anstößige Aufhebung der logischen Synthesis der Worte und Gedanken durch Assoziation und Polyvalenz bereitwillig in Instrumente verkehrt, die das flüchtige Kondensat der Tage mit den in die Kritik geratenen Übergängen der Rhetorik in ungewöhnliche neue Formen zu amalgamieren suchen. Das moderne Journal verabschiedet den Glauben, dass die Einheit des Wortes an eine – wie tief auch immer – verborgene Einheit in der Sache mahne; die unberichtigte und spontane, dem günstigen *Augenblick* aufsitzende Anschauung lässt Züge im Diarium aufscheinen, die es vielmehr mit dem Blinden und Unerkannten an dessen Gegenständen zu tun haben.

> Bevor die Frau von der Straße mit den Einkaufstaschen ins Haus geht, bleibt sie auf der Straße stehen und wartet auf etwas, auf eine kurzfristige Lösung [...]
> Eine schöne, ernste Frau, die endlich aus starren Zähnen lächelt: als ob sie Wasser läßt [...]
> Sie sprach verzweifelt ins Feuer hinein, wobei ich meinte, sie würde sich gleich hineinstürzen, um ihrer Verzweiflung das ewig Rhetorische zu nehmen
>
> (Handke, *Das Gewicht der Welt*, 16, 18, 282)

Dieser depolarisierenden und entschleunigenden Art der Wahrnehmung stemmt sich eine althergebrachte Form des Journals entgegen, die zu bewahren sucht, was im Diskurs nicht aufgeht, und weiter jene latenten Potentiale zu binden sich ereifert, die seit den Zeiten des Symposions die 'ewigen Ideen' und das wechselnde Diktat der

Attribute als feste Einheit deklarieren; Ich-Pathos und pharisäischer Hedonismus haben, so raunt es zwischen den Zeilen, bewirkt, dass man der erforderlichen Ehrfurcht vor der 'Sache' verlustig gegangen sei. Auch hier erweist das Diarium sich als Multiplikator des ästhetischen Augenblicks, allerdings mit umgekehrter Stoßrichtung und in fleißig vorauseilendem Gehorsam dem sich beugend, was *an und für sich* geheimnisvoll ist – so z. B. anlässlich eines Besuchs des historischen Grabungsfeldes im antiken Mália auf Kreta:

> Der Mythos verhärtet oder kristallisiert eher, als erster Schritt zum Bewußtsein; der Schmerz wird stärker – nicht daß mit der Tragödie das Glück verschwände, aber es ist ein anderes, geteiltes Glück. Auch die Schrift verhärtet; sie hebt vom Sein eine Bewußtseinsschicht ab. Wo Schriftdokumente bestehen, wo Namen und Daten die Zeit bannen, mehrt sich das Wissen, das die letzte Kammer verstellt. (Jünger, *Siebzig, verweht II*, 26)

Die Kunst ist der Abstand, den die Zeit der menschlichen Erfahrung gibt. Paradiese des Gedankens sind einzig noch die artifiziellen, die dem Leser einen täuschenden Blick in Brutkästen und Sammelschränke ermöglichen, den Fingerzeig auf fragwürdige Retuschen und verspielte Korrekturen, das unermüdliche Auf- und Verzeichnen, Aufzetteln und Verzetteln, das die monadologisch aufgespaltene Welt im Tagebuch als Ergebnis planvoller Komposition und elastischer Chronologie erscheinen lässt. Die

Technik der kunstvollen Täuschung als Ergänzung zur Praxis des täglichen Erinnerns korrepondiert einer Ästhetik des günstigen Augenblicks bzw. des *kairos*, in der sich der schöpferische Akt mit dem Phantasma einer unwiderruflichen Befreiung von der Zeit verbindet. Die Wiederholung bestimmter Muster, Rhythmen und Rituale sieht es vor, dass der Diarist sich täglich am selben Ort stellt – allerdings mit einem jeweils anderen, Modifikationen und Manipulationen unterworfenen Zeitverständnis, denn der existentielle Augenblick entzieht sich dem Betroffenen ebenso wie seinen Lesern und gehört den Zeitmaßen seiner Artikulationsmedien zudem nicht an: ein Wettlauf zwischen der Abfolge buchenswerter Ereignisse und ihrem unwiderruflichen Verschwinden als chiffrierter bzw. korrigierter Realität zwischen den hastig beschriebenen Seiten eines Journals: „Nach nur ein paar Stunden Abstand ist schon alles zu lebloser Schlacke erkaltet" (Rühmkorf, *Tabu I*, 208). Eine Literatur „ohne Beweise" (Barthes, „Erwägung", 404) und voller „Verspätungszweifel", wie im „Tagebau [...] Rohmaterial, das seinen Preis hat" (*ibid.* 390). Dem Zeitpunkt, in dem das tägliche Schreiben von einem inneren, ekstatischen Vorgang aus seinen Lauf nimmt, gebührt höchstens der Zauber des Anfangs. Ein epiphanischer Moment durchbricht einen kritischen Augenblick lang die Patina der linguistischen Norm, dann werden die Sprachfäden wieder aufgenommen und die beiden Enden der „bewußten Zeit" (Virilio, *Ästhetik des Verschwindens*, 9) in der schriftlichen Sequenz nahtlos zusammengefügt. Der Serie zufälliger Tage stellt sich ein Reichtum gesonderter Augenblicke entgegen, die, dem Kunstgriff der Vertauschung durch einen optischen *stoptrick* im Film vergleichbar, die Echtheit der Abläufe und Einzelstellen durch manipulierte Sichtbarkeit negieren. Der *trait unaire*, der einzelne Zug bzw. ersehnte Moment, wiederholt nur den Verlust, den das Genießen (*jouissance*) in seinem Bemühen, sich auf neue Erfahrungen auszudehnen, verantwortet. Sich erinnern heißt, „ein zweites Mal feststellen und verlieren, was nie wiederkehren wird" (Barthes, „Erwägung", 391). Die Säulen haben Last zu tragen, nicht selber Last zu sein; die Echos, die der Rufende in ihrem weiten Atrium hervorruft, laufen an der physischen Materie entlang und hallen aus.

> Eine wiederkehrende Tätigkeit schürft Lücken in die Zeit. Es nahen Dinge, von denen wir nicht wissen, ob wir sie erlebt oder geträumt haben. Uns ergreift nicht ein Bestimmtes, sondern die Stimme der Wiederkehr selbst. Wir treten in ihren Vorhof ein. Ihr Geheimnis gibt sie nicht preis. (Jünger, *Siebzig, verweht II*, 26)

Ein zweifellos paradoxer Effekt der Selbstblockade bzw. weiterer Beleg der Intransparenz des Bewusstseins für sich selbst. Man könnte die auf Dauer gestellten und zugleich vom zeitlichen Verlauf verschluckten Destillate des Tagebuchs deshalb ohne Umschweife den „pyknoleptischen Krisen" zurechnen, die Paul Virilio in seiner feinsinnigen Analyse des Einflusses, den die rauschhaften

Geschwindigkeiten der modernen Transport- und Kommunikationsmedien auf Kultur und Gesellschaft haben, als psychosoziales Übertragungsphänomen geltend macht (Virilio, *Ästhetik des Verschwindens*, 20). Auch im Tagebuch ist das Ende der lange Zeit vorherrschenden Ästhetik des Erscheinens – der Sichtbarmachung durch horizontale, auf eine Linie gebrachte Fügung – eingeläutet worden. Anekdotisches folgt hier längst der mitverstandenen Weisung, den *kairos* zu fesseln, eine flüchtige Erscheinung oder Figur mit offenbarender Kraft zu generieren, die der „Tagestechnik" des rationalen Erfassens und Beschreibens, des Systematisierens der „Tag um Tag erlebten Existenz" (Hocke, *Das europäische Tagebuch*, 371), diametral entgegengesetzt ist. Die Erscheinung gilt nicht der Sache, sondern dem inneren Erlebnis ihrer zeitlichen Dauer, ihrer Eigenschaft als Schwelle oder Übergang von Gegenwart zu Gegenwart.

> Warum warte ich so auf die Erscheinung eines Wunders? Es müsste doch nur das Alltägliche erscheinen (und bleiben bis ans Lebensende) [...]
> Wie lange brauche ich an jedem Tag, bis ich anfangen kann, aufzunehmen; bis es Linien, Gestalten, Existenzen vor mir gibt, endlich (Handke, *Geschichte des Bleistifts*, 24, 26)

In der Präsenz des Augenblicks vollziehen sich Offenbarung wie Katastrophe. Figuren epiphanischen (vertikalparadigmatischen) Zuschnitts lassen die aktuellen Gegenstände der Erfahrung zu einem Hintergrund metamorphosieren, auf dem unerwartet neuer Sinn sich abbilden kann. Zeitliches verflüchtigt sich in räumliche Dimensionen, aus Zeitwahrnehmung wird Zeitphantasie. Retention beschattet den kostbaren Augenblick.

> Hoch vom Himmel herab fällt ein Mann. Die Geschwindigkeit beschleunigt sich – eine Geschwindigkeit, für die es keinerlei Bremsen gibt.
> Die Zeit, die ihm bleibt, zerrinnt als Stille.
> Sturz, nichts als augenblicklicher Sturz. [...]
> Die kommenden Ereignisse werden zunehmend Gegenwart. Die Einzelheiten da drunten erscheinen zahlreicher, pressen sich gegeneinander ... und bald gegen ihn. [...] Der Erdboden, ei! wie er es eilig hat, plötzlich, der Erdboden! ... einen Menschen zu treffen, einen einzigen, denn es gibt augenblicklich keinen zweiten in der Luft, wenigstens keinen sichtbaren [...] Soldat S. schließt die Augen, er hat nun genug gesehen. Gewissermaßen fällt er ja schon seit Jahren, der Soldat S. (Michaux, *Eckpfosten*, 47)

Wie das monokausale Schuss-Gegenschuss-Verfahren im realistischen Film die moderne 'Wahrheit des Sehens' begründet hat, zeichnet auch die (un-)datierte Einzelstelle im diaristischen Diskurs verantwortlich für eine naive Wahrheit der Lektüre, die das konstruierte Nacheinander der täglichen Inventur als Garanten nimmt für Solidität, Aufrichtigkeit und Reflexion. Hermetische, gegen die Kommunikation mit einer unterstellten Leserschaft sich abdichtende Akte des Fingierens sind in dieser Lesart nicht vorgesehen. Jedoch: „Das Tagebuch ist ein Diskurs

[...], und kein Text" (Barthes, „Erwägung", 401). Manche Vorgänge weigern sich, zu vergehen, graben sich tiefer ins Wachs, bleiben Anheftungen des Bewusstseins an einen schweren Stein. Das Tagebuch als literarische Form geriete in eine schwere Krise, hörte es irgendwann auf, den *falschen Tag* zu erzeugen, der nicht dem in der Zeit isolierten Person-Erlebnis, sondern der Sprache ein Denkmal errichtet, und sich stattdessen darauf kaprizierte, nur sinngemäß *und* wahrheitsgetreu zu sein.

Nun haben die Tage viele Namen, die Nacht aber nur einen. Das pyknoleptische Prinzip der Desynchronisation und das Empfinden reiner Dauer als die beiden Endpunkte eines Kontinuums zeitlicher Erfahrung drängen den Diaristen zu höherer Intensität als die Wirkmacht des diskursiven Gedankens. Unter gewöhnlichen Umständen ist die Zeit aufgehoben und beschlossen in der Stetigkeit der Formen bzw. der sie begleitenden Veränderungen. Doch kann nicht bestritten werden, dass sie andererseits die Verflüchtigung jener Gegenstände indiziert, die einem als wahrhaft präsent erschienen sein mögen. Was eine Herausforderung war, wird zu einer Erinnerung, inkarniert zum Gegenstand einer zeitlichen Ausdehnung. Immer neue Erscheinungen überlagern den Jetztpunkt des diaristischen Bewusstseins, die

Vorstellung eines paradiesischen Gesprächs, bei dem all das, was man in verschiedenen Selbstgesprächen durcheinandergedacht hat, endlich nacheinander harmonisch zueinanderkommt und durch das Sich-Zusammenschließen sonst entlegener Denk-Fragmente dem anderen verlebendigt werden kann[.] (Handke, *Das Gewicht der Welt*, 261)

Zu den diagnostizierten Formen des Diariums gesellen sich die retentionale bzw. protentive Fähigkeit des Intellekts, Anamnesen und Vorwegnahmen in das sprachliche Laboratorium mit einzubeziehen. Allein durch die Wahl seines Zeitpunktes, des Augenblicks seiner ästhetischen Subjektivität, identifiziert das Subjekt sich als mit sich selbst identisch. Der Preis für diese künstlerische Logik ist allerdings hoch und offenbart sich in der zunehmenden Entstofflichung des Realen und dem nur mehr flüchtigen Aufblitzen eines *vie intérieure* in den Spiegelscherben und Röntgenaufnahmen eines abstrakten Alltags.

Manche Veröffentlichungen aus dem Nachlass legen ein unmissverständliches Zeugnis dieses Wandels ab. Ihr editorischer Einsatz enthüllt oft nur ein geringes Risiko und setzt zudem in offenkundiger Vereinfachung der Lage die objektive Zeit als Angriffspunkt an, um die prinzipiellen Phänomene subjektiver Zeitdehnung und Zeitverkürzung in rationalitätstüchtige Serialität aufzulösen – als Schnitt durch die Ereignisfolge, mit Lücken und Schwärzungen, die jene „Ungeschliffenheit" (Rieff, „Vorwort", 9) hervortreiben sollen, von der man sich die intimste Gebärde der Wirklichkeit erhofft, und die doch nur eine Flüchtigkeit beschwört, die mehr Parodie des Tagebuchs ist als dessen würdige Erhöhung. Der Ertrag ist eine faule und verfangene Innerlichkeit, die hämisch abwürgt, was passioniertes Schreiben in Kritik der falschen Unterscheidung als beispielgebend festzuhalten sich auferlegt.

> Ich muss arbeiten.
> Ich werde von Selbstmitleid und Selbstverachtung verzehrt.
> …
> Ich bin aus dem Gleichgewicht.
> Ich bin auf der Suche nach meiner Würde. Nicht lachen.
>
> (Sontag, *Ich schreibe, um herauszufinden, was ich denke*, 334)

Punktueller Reiz und Alltagsding, verfügbare Emotion und homöostatischer Moment, fallen ineins und indizieren im Rekurs auf den Bereich des Privaten und Intimen einen Zusammenhang, der zum ästhetischen Idyll stilisiert zu werden sich weigert. Die Augenblicksmythologie des klassischen Diariums verfällt zur trüben Alltagsnotiz als Metapher einer prekären 'neuen' Sensibilität: „Die Aufrichtigkeit ist nur das Imaginäre eines Imaginären" (Barthes, „Erwägung", 391). Forcierte Ich-Mitteilsamkeit vertreibt den unauffälligen Augenblick, bis dieser ausbleibt und den Diaristen zur Aufgabe bzw. Selbstauslöschung nötigt. Die Hoffnung auf epiphanische Offenbarung verkehrt sich zum Moment radikaler Ernüchterung, dem das Erhabene und Exzeptionelle – wenn überhaupt – nur noch voluntaristisch zukommt. Unter den modernen Diaristen gebührt dem Italiener Cesare Pavese das Verdienst, die Gegenwärtigkeit der Dinge im sprachlichen Kunstwerk beharrlich verfolgt und den Au-

genblick als Einstand und Vollendung seiner Möglichkei-
ten – per Ritterschlag geadelt durch die spektakuläre
„Geste" seines Suizids in Turin im Jahre 1950 – bis zum
Letzten ausgeschöpft zu haben.

> Warum *sucht* man nicht den Tod aus freien Stücken, daß er
> die Bekräftigung einer freien Wahl wäre, daß er etwas aus-
> drückte? Statt *sich* sterben zu lassen? Warum? [...]
> Die Schwierigkeit, Selbstmord zu begehen, besteht in die-
> sem: er ist eine Tat des Ehrgeizes, die man nur begehen
> kann, wenn man allen Ehrgeiz überwunden hat. [...]
> Tatsache ist, daß du die Lust am Sehen, am Empfinden, am
> Aufnehmen verloren hast, und nun frißt es dir am Herzen.
> [...]
> Nicht Worte. Eine Geste. Ich werde nicht mehr schreiben.
>
> (Pavese, *Handwerk des Lebens*, 68, 85, 270, 387)

Die konkrete Augenblicksgeste hat in der Realität keine
synthetisierende Kraft mehr, sondern ist nurmehr punktuell, wird zum Ausdruck des Abwesenden, Auseinander-
brechenden, der atomisierten Wahrnehmung. Vergeblich
versucht ihr Urheber durch gewaltsame Weitung der In-
nenwelt die Enge seiner Umwelt auszugleichen. Seine
letzten Zeugnisse und Memoranden dekomponieren die
Einheit des Subjekts vermöge dessen eigener Introspektion und verwandeln es in einen Schauplatz divergierender
Objektivitäten, fragmentierter Anschauungen, gesonderter Destillate. Es redet wie unter der Erde. Die Wahrheit
seiner Worte empfängt man als fremdes Geräusch und

hört, wie offene Türen zugeschlagen werden. Der qualifiziert gewählte Schlussmoment setzt alle Vorgänge in ein durchsichtiges, letztlich unwirksames Bild.

Man könnte zu dem Ergebnis kommen, dass in der Zwischenzeit wenig geschehen ist. Noch immer posiert das Ich, schwankt zwischen Indiskretion und Künstlichkeit. Haben sie ihren letzten Satz erst zu Papier gebracht, erweisen viele Diarien sich als vergebliche Produkte einer Literatur ohne Epiphanie. Sie sind weniger ein Erlebnis als vielmehr dessen Vorführung, vergegenwärtigen nicht den unmittelbaren Schauer als solchen, sondern nur sein gemäßigtes, vermitteltes und kontrollierbares Nachbild. Die zarte Dingmystik der Moderne altert und vergilbt auf ihren Seiten ungewohnt schnell, spontane Momentaufnahmen werden zur Addition alltäglicher Bilder gerafft und diese ins Zitat, in literarisch präformierte Erlebnisse, verkehrt. Dahinter erhebt sich bedrohlich das Medusenhaupt der Wiederholung, „in ihrem Wesen symbolisch", ihr trügerisches Symbol bzw. „Trugbild [...] Buchstabe der Wiederholung selbst" (Deleuze, *Differenz und Wiederholung*, 35). Ihre Varianten – Einträge, Einzelstellen, Chiffren und Torsionen – zählen zum Wesen und zur Genese dessen, was nicht aufhört, sich zu schreiben, gehören einer „geheimen Vertikalität" an, die im Syntagma verschiedene Zeitstellen durchläuft und sich dabei als „positives ursprüngliches Prinzip" wie auch als „autonome Verkleidungsmacht" präsentiert (*ibid.* 37). Geheime Verschlingungen, Kontraktionen, partielle Synthesen sind ihre Werkzeuge der Produktion semantischen Sinns; auf eine diffus-opake Dimension horizontaler Bedeutung zu rekurrieren, bleibt ihr versagt. Dieser Wiederholung hat Peter Handke im Rahmen der umfangreichen Vorarbeiten zu einigen seiner Romanprojekte, meist in Form von Notiz- und Tagebüchern, einen Großteil seiner Zeit und kreativen Leidenschaft gewidmet.

> Am wahrhaftigsten ist doch der Blick in eine panische Welt, in welcher, von einem Augenblick zum anderen, alles seinen Ausdruck ändert, und so immer weiter, von Augenblick zu Augenblick, vom Freudigen zum Angstvollen, vom Lebensvollen zum Sterbensmüden, usw. usw. (Handke, *Phantasien der Wiederholung*, 15)

Auch der exzeptionelle Augenblick ist nur Wiederholung im Kräftefeld der Repräsentationen, eine unlesbare Instanz, die ein Ungleichgewicht erzwingt bzw. eine Instabilität oder Asymmetrie befördert, um in alle Zukunft die Suche nach jenen Elementen zu befeuern, die fehlen und deshalb keiner klar definierten Ursache zugeordnet werden können. Die Wiederholung ermöglicht erst die Gewissheit jenes Augenblicks, dessen Präsenz und Vermögen der Ergriffene eine so hohe Geltungskraft beimisst. Zwischen beiden besteht ein geheimer Pakt, beide verweisen auf ein noch ausstehendes (parenthetisches) Futur ungezählter Wiederholungen.

Goethe stand der Raum, in den er hineinschreiben konnte, im großen und ganzen frei da; einer wie ich muß diesen Raum erst schreibend schaffen (wiederholen); daher ist das, was ich tue, vielleicht lächerlich? Nein (Handke, *Phantasien der Wiederholung*, 75)

Am stärksten wird die spannungsreiche Dialektik von Ursprung und Wiederholung jene Diaristen angehen, die einen nicht unbeträchtlichen Teil ihrer produktiven Energie und Leidenschaft der Behandlung von Fragen widmen, die Erkenntnis über den Menschen und das Wesen seines Schicksals in der Welt zu gewinnen suchen. Dem Zwang zum Vollzug der menschlichen Einzelexistenz unter den Bedingungen der Geworfenheit und Leiblichkeit wohnt von Anfang an ein Element der Wiederholung inne, das nur emphatisch auf den Begriff zu bringen ist.

Wenn es stimmt, daß das Verbrechen die ganze Lebensfähigkeit eines Menschen erschöpft[,] [hat er ausgelebt, wenn er getötet hat. Er kann sterben. Der Mord ist erschöpfend.] In dieser Hinsicht hat Kains Verbrechen [...] unsere Lebenskräfte und unsere Lebensliebe erschöpft. In dem Maße, in dem wir an seinem Wesen und an seiner Verdammung teilhaben, leiden wir an jener seltsamen Leere und jener wehmütigen Verlorenheit, die auf allzu heftige Gefühlsausbrüche und erschöpfende Arbeiten folgen. Kain hat für uns mit einem Schlag alle Möglichkeiten echten Lebens ausgeschöpft. Darin besteht die Hölle. Aber wir sehen deutlich, daß sie sich auf Erden befindet. (Camus, *Tagebuch*, 54, [25])

Derart betörende Funde gedeihen an den Bruchkanten zwischen einer übermächtigen, unassimilierbaren Dingwelt und der hilflos an ihr abgleitenden menschlichen Erfahrung. Wer, wie der Moralist und Eigenbrötler Camus, darauf bedacht ist, zu verhindern, dass diese gesonderten Bereiche in ihre dialektischen Pole auseinanderfallen, baut gebrechliche Brücken. Der französische Existenzialist hebt das Massivste an, und der Leser hat seine Freude, zu sehen, wie behutsam er es niederlegt. Liegt es vielleicht daran, dass die beiden Schalen 'Existenz' und 'Entscheidung' um den Waagebalken seiner Philosophie des Absurden gerechter spielen als bei anderen Denkern? Die 'Wahrheit', so sie existiert, wiederholt sich nur in ihren Inszenierungen; sie ist letzten Endes so performativ und regulativ wie der Mensch seine eigene Existenz *verkörpert*. Ihre wichtigste Funktion besteht darin, hingestellt und geltend gemacht zu werden. Ist alles erst einmal gesagt, wiederholt sich alles und kann von neuem beginnen.

> Man sucht den Frieden und wendet sich an die Menschen, um ihn von ihnen zu empfangen. Aber sie können zunächst nur Irrsinn und Verwirrung gewähren. Man muß ihn wohl oder übel anderswo suchen, aber der Himmel ist stumm. Dann, dann erst, kann man sich wieder an die Menschen wenden, weil sie einem, in Ermangelung des Friedens, den Schlaf gewähren. (Camus, *Tagebuch*, 72)

Was das moderne Diarium eröffnet, ist das unaufhörlich sich wiederholende Schauspiel einer 'gegenstandslosen'

Literatur, das viele abgesetzt glaubten. Der Sinn für Kritik an der Souveränität des Ego, für Selbstzweifel und Selbstzerwürfnisse, hat sich in ihm geschärft. Die Staffelung und unendliche vertikale Aufgliederung seiner Aussagen ist aufgedeckt worden, jeder intimen Pose eines Affekts oder einer als aufrichtig propagierten Gefühlslage wird mit Argwohn begegnet. Den Worten merkt man ihr Zurückschrecken an, eine Bewegung, die häufig nicht mehr ist als ein bloßes Zittern oder Zögern. Jeder neue Eintrag legt einen heimtückischen Abgrund offen. Nur in seinen subkulturellen Ausläufern bedient das Genre sich noch einer Sprache, die meint, ihre Beobachtungen in einem existentiellen *Über*-Ich sammeln zu können, das sich daraufhin selbst als eigentlich und unmittelbar erfahren darf, auch wenn es dafür den Preis eines letztlich inkalkulierbaren Einschusses egotistischer und pathologischer Elemente entrichten muss. Die *Tagebücher* Kurt Cobains liefern hier ein ebenso prägnantes wie exzentrisch-verstocktes Beispiel. Die Dichotomie von Augenblick und Wiederholung, von Unschuld und Parodie, will darin endgültig zu den Akten gelegt erscheinen: Erlebnis will in diesem Journal das Einmalige und die Sensation, Erfahrung das Immergleiche. Ihre parallel geführten Strecken schneiden sich aber nicht in einer souveränen Unendlichkeit, sondern bereits im *hic et nunc* datierter Entwürfe und Erinnerungsskizzen. Sie sind an der problematischen Schnittstelle eines nicht abreißenden Sprachflusses situiert, nicht in der unmittelbar erlebten Gegenwart, und scheitern insofern an der Sprache des Realen, als dieses Reale in unendlich kleine Partikel und Fragmente zerstäubt werden kann. Echte Augenblicklichkeit, der Wunsch, das Erlebnis an seiner originären Zeitstelle auf- bzw. wiederzufinden, ist damit passé, vegetiert höchstens noch als Verfallsprodukt der Pop-Aura einiger vom zynischen Regime der Märkte für schlichten Seelenkommerz vereinnahmter und dann fallen gelassener Erlöserfiguren; die letzte Grenzen oder Übergänge einfassende Geste der Überschreitung betrifft sie nicht.

Nur wo das Tagebuch sich im Wissen um seine linguistischen Baupläne in bereitwilliger Offenheit dem ergriffenen *vie intérieure* des Chronisten andient, können daher seine unerschlossenen bzw. ungenützten Ressourcen geborgen werden. Der französische Lyriker Charles Baudelaire zeichnete den Weg vor in seinem tagebuchartigen Nachlass, mit dem er einst hoffte, „das ganze menschliche Geschlecht" gegen sich „aufzubringen" (Baudelaire, *Mein entblößtes Herz*, 59). Roland Barthes geht ihn zu Ende in seiner spektakulären *Vorbereitung des Romans*, die das Tagebuch als Schnittmuster und Vorstufe einer Übung zur Praxis literarischer Autorschaft mit dem öffentlichen Format der universitären Vorlesung zu einem verblüffenden Hybrid verbindet. In einer ausführlichen erkenntnistheoretischen Vorrede stellt Barthes − in seiner Funktion als Hochschullehrer, wohlgemerkt − die „Trugbilder der Subjektivität" in abmildernder Absicht dem „Schwindel der Objektivität" gegenüber und konfiguriert das unter-

stellte „IMAGINÄRE DES SUBJEKTS" im Blick auf ein ein-
schneidendes „Ereignis",

> eine als bedeutungsvoll erlebte, feierliche Veränderung: eine
> Bewußtwerdung, die so »total« ist, daß sie den Anstoß und
> die höhere Rechtfertigung zu einer Reise, einer Pilgerfahrt
> zu einem neuen Kontinent gibt [...], eine Initiation [...].
> Was mich betrifft, so habe ich [...] heute das Gefühl oder
> die Gewißheit, mich auf der *Mitte-des-Weges*, an einem sol-
> chen Punkt [...] zu befinden, an dem sich die Wasser
> scheiden. Dieses Gefühl ist unter Einwirkung zweier »Be-
> wußtseine« (Evidenzen) und eines Ereignisses entstanden:
> 1. Zunächst das Bewußtsein davon, daß von einem gewis-
> sen Alter an »die Tage gezählt sind«[.] [...]
> 2. Sodann das Bewußtsein davon, daß von einem bestimm-
> ten Zeitpunkt an das, was man getan und geschrieben hat
> [...], als ein immer wieder durchgekauter, dem Wiederho-
> lungszwang verfallener, bis zum Überdruß durchgekauter
> Brei erscheint. [...]
> 3. Schließlich [...] ach, die Tätigkeitsform des Schmerzes.
> [...] Die Trauer wird das Beste meines Lebens sein, dasje-
> nige, was es unwiderruflich in zwei Teile spaltet, *vorher /*
> *nachher.* (Barthes, *Die Vorbereitung des Romans*, 30ff)

Sehnsuchtsvoll kündigt der nur verhalten strukturierte, in
einer Folge elegant verknüpfter Denkfiguren daherkom-
mende, aber schriftlich fixierte Vorlesungstext ein „neues
Leben, *Vita Nova*" (*ibid.* 34), an, um auf diesem triumpha-
len Wege die Trauer über den Tod der geliebten Mutter
zu bewältigen und darüber hinaus „Traurigkeit, eine ge-
wisse Langeweile" (*ibid.* 38), durch die Entdeckung der

Routine „einer neuen Schreibpraxis" (*ibid.* 34) zu substituieren. Auf der Basis einer Zufallsfolge sich aufdrängender Motive des Begehrens entsteht ein farbig-filigranes Mosaik literarästhetischer Dossiers, die zu Wegbereitern einer grenzüberschreitenden akademischen Praxis werden, zu Bausteinen einer im und *durch* das Schreiben erkundeten „Technologie des Selbst" (Foucault, *Ästhetik der Existenz*, 287), die den traditionellen Repräsentationsmodus des Diariums – Notation, Geständnis, Introspektion, Selbsterkenntnis und -erziehung – mit der eucharistischen Fülle der Wimmelbilder und Chiffren eines akademischen Findebuchs verbindet. In einer Serie zügelloser Notizen und Skizzen, aber auch zumeist privater Erinnerungen an Gespräche, gegenseitige Besuche und künstlerische Vorhaben, wird der zerfledderten Verstandesgeistigkeit und Forschungstüchtigkeit der standardisierten wissenschaftlichen Lehre durch den französischen Semiologen eine deutliche Absage erteilt, die Vorlesung als „eigenartige Schöpfung, [...] durchdrungen von einem impliziten Gespräch" (Barthes, *Vorbereitung des Romans*, 37), der systematischen Tage-Buchführung in einer Weise angenähert, die das Ritualistische beider Genres profaniert, ja auszuhöhlen scheint. Kein Kunstgriff ist in diesem Rahmen ein verbotener Eingriff. Im Fahrwasser improvisierter Unmittelbarkeit rückt die transduktive und interindividuelle Seite des Formats – die „Chemie der kleinen Form" (*ibid.* 103) – wieder in den Mittelpunkt, Steigrohr des Assoziativen und Zufälligen, als wolle der Vortragende den honetten Akademismus seiner Zunft vom Riegel nehmen anstatt davor zu kapitulieren. Im Ergebnis erlangt das Experiment eine unscharfe, aber solide geprägte Form: An den äußersten Grenzen seiner Möglichkeiten angelangt, ergreift das Tagebuch das Wort und nimmt sich wieder in Besitz. Verloren unter Schwaflern, Bloggern, Sachwaltern des Stämmischen und Eigentlichen, in einer Nacht, in der alle den trüben Morast, dem die Tiraden und Schwärmereien entstammen, zu hassen beginnen; im Herzen der evakuierten Sprache, aber auch an der Wurzel ihrer Möglichkeit, erkennt der Diarist, dass er bereits 'alles' ist. Er wird sich nicht davon beeindrucken lassen, dass sich im Inneren der Worte eine Vakuum auftut, in der sich ein Schwarm von Einzelstimmen verbindet und wieder voneinander löst, kombiniert und ausschließt. Ganz im Gegenteil wird er sich ihrer annehmen und die Entkopplungen im Abstand des Sprechens genießen, die Zerstreuung des Ich im Inneren eines ihn enteignenden Idioms, das ihm vermittelt, er könne Subjekt sein gerade aufgrund seiner flüchtigen und beweglichen Umgebung. Von den tradierten Schnittmustern des Menschseins, Affirmation und Heilung im Tonfall beflissener Augenblicklichkeit und Echtheit, ist er endgültig abgeschnittten: Wo das Diarium als literarische Gattung aufhört, kann das *andere*, das experimentelle, das hybride, die Grenzen der Formate und Register überschreitende Ernte-Tagebuch, die Vorlesung als Fahrtenbuch der ästhetischen Existenz, können die Unterbrechung und das Schreiben – *Vita Nova* – von vorn beginnen.

Literatur

Adorno, Theodor, „Über epische Naivetät," in: *Noten zur Literatur I*, Frankfurt a.M. 1969, 50–60.

-----, *Jargon der Eigentlichkeit. Zur deutschen Ideologie*, Frankfurt a.M. 1969.

Barthes, Roland, *Über mich selbst*, Berlin 2010.

----, *Das Neutrum. Vorlesung am Collège de France 1977–1978*, Frankfurt a.M. 2015[2].

-----, *Die Vorbereitung des Romans. Vorlesung am Collège de France 1978–1979 und 1979–1980*, Frankfurt a.M. 2015[3].

-----, „Erwägung", in: *Das Rauschen der Sprache. Kritische Essays IV*, Frankfurt a.M. 2015[4], 390–405.

Bataille, Georges, *Die innere Erfahrung*, Berlin 2017.

Baudelaire, Charles, *Mein entblößtes Herz*, Leipzig 1966.

Benjamin, Walter, *Illuminationen. Ausgewählte Schriften*, Frankfurt a.M. 1961.

Blanchot, Maurice, „Die Unterbrechung", in: *Das Neutrale. Philosophische Schriften und Fragmente*, Zürich und Berlin 2010, 171–77.

Camus, Albert, *Tagebuch Januar 1942–März 1951*, Hamburg 1967.

Cobain, Kurt, *Tagebücher*, Frankfurt a. M. 2004[7].

Cotten, Ann, *Nach der Welt. Die Listen der konkreten Poesie und ihre Folgen*, Wien 2008.

Deleuze, Gilles, *Differenz und Wiederholung*, München 2007[3].

Deleuze, Gilles, und Félix Guattari, *Kafka. Für eine kleine Literatur*, Frankfurt a.M. 1976.

Foucault, Michel, *Ästhetik der Existenz. Schriften zur Lebenskunst*, Frankfurt a.M. 2007.

Görner, Rüdiger, *Das Tagebuch*, München und Zürich 1986.

Handke, Peter, *Das Gewicht der Welt. Ein Journal (November 1975–März 1977)*, Salzburg 1977.

-----, *Die Geschichte des Bleistifts*, Frankfurt a.M. 1985.

-----, *Phantasien der Wiederholung*, Frankfurt a.M. 1996.

Hess, Remi, *Die Praxis des Tagebuchs. Beobachtung – Dokumentation – Reflexion*, Münster 2009.

Hocke, Gustav René, *Das europäische Tagebuch*, Wiesbaden 1963.

Jünger, Ernst, *Strahlungen I. Gärten und Straßen. Das erste Pariser Tagebuch. Kaukasische Aufzeichnungen*, Stuttgart 1995.

-----, *Siebzig verweht II*, Stuttgart 1981.

Just, Klaus Günther, „Das Tagebuch als literarische Form", in: *Übergänge. Probleme und Gestalten der Literatur*, Bern und München 1966, 25–41.

Kafka, Franz, *Tagebücher*, Fischer Verlag 1967.

Kierkegaard, *Tagebuch des Verführers*, München 2005.

Kojève, Alexandre, *Hegel. Eine Vergegenwärtigung seines Denkens*, Frankfurt a.M. 1975.

Lyotard, Jean-François, *Intensitäten*, Berlin 1975.

Michaux, Henri, *Eckpfosten*, München 1982.

Musil, Robert, *Aus den Tagebüchern*, Frankfurt a.M. 1963.

Pavese, Cesare, *Das Handwerk des Lebens. Tagebuch 1935–1950*, Frankfurt a.M. 1974.

Rieff, David, „Vorwort", in: Susan Sontag, *Wiedergeboren. Tagebücher 1947–1963*, München 2016, 5–13.

Rühmkorf, Peter, *Tabu I. Tagebücher 1989–1991*, Hamburg 1995.

Sloterdijk, Peter, *Zeilen und Tage. Notizen 2008–2011*, Frankfurt a. M. 2012.

Sontag, Susan, *Wiedergeboren. Tagebücher 1947–1963*, München 2016.

-----, *Ich schreibe, um herauszufinden, was ich denke. Tagebücher 1964–1980*, München 2016.

Virilio, Paul, *Ästhetik des Verschwindens*, Berlin 1986.

Register

Notizen